电网企业员工安全等级培训系列教材

第二版

配电带电作业

国网浙江省电力有限公司培训中心　组编

中国电力出版社
CHINA ELECTRIC POWER PRESS

内 容 提 要

本书是"电网企业员工安全等级培训系列教材（第二版）"中的《配电带电作业》分册，全书共七章，包括基本安全要求、保证安全的组织措施和技术措施、作业项目安全风险管控、隐患排查治理、生产现场的安全设备设施、典型违章举例与事故案例分析、班组安全管理等内容，附录中给出了现场标准化作业指导书（卡）范例和现场处置方案范例。

本书是电网企业员工安全等级培训配电带电作业专业的专用教材，可作为带电作业岗位人员安全培训的辅助教材，宜采用《公共安全知识》分册加本专业分册配套使用的形式开展学习培训。

本书可供从事配电带电作业工作的专业技术人员和新员工安全等级培训使用。

图书在版编目（CIP）数据

配电带电作业 / 国网浙江省电力有限公司培训中心组编. —2 版. —北京：中国电力出版社，2023.2（2024.9 重印）

电网企业员工安全等级培训系列教材

ISBN 978-7-5198-7572-5

Ⅰ. ①配… Ⅱ. ①国… Ⅲ. ①配电线路–带电作业–技术培训–教材 Ⅳ. ①TM726

中国国家版本馆 CIP 数据核字（2023）第 024717 号

出版发行：中国电力出版社
地　　址：北京市东城区北京站西街 19 号（邮政编码 100005）
网　　址：http://www.cepp.sgcc.com.cn
责任编辑：刘丽平　张冉昕（010-63412364）
责任校对：黄　蓓　李　楠
装帧设计：赵姗姗
责任印制：石　雷

印　　刷：北京雁林吉兆印刷有限公司
版　　次：2016 年 6 月第一版　2023 年 2 月第二版
印　　次：2024 年 9 月北京第三次印刷
开　　本：710 毫米×1000 毫米　16 开本
印　　张：9
字　　数：145 千字
印　　数：1501—2000 册
定　　价：50.00 元

版 权 专 有　侵 权 必 究

本书如有印装质量问题，我社营销中心负责退换

编写委员会

主　任　王凯军

副主任　吴　哲　盛　晔　黄　晓　吴剑凌　顾天雄
　　　　王　权　翁舟波

成　员　徐　冲　倪相生　黄文涛　周　辉　王建莉
　　　　高　祺　杨　扬　吴志敏　陈　蕾　叶代亮
　　　　何成彬　于　军　潘王新　邓益民　黄晓波
　　　　黄晓明　金国亮　阮剑飞　魏伟明　汪　滔
　　　　季敏剑　吴宏坚　吴　忠　范晓东　贺伟军
　　　　王　艇　岑建明　汤亿则　林立波　卢伟军
　　　　张国英

本册编写人员

周　兴　施震华　应永灵　钱　栋　钟全辉　叶国洪
焦建立　倪相生

前　言

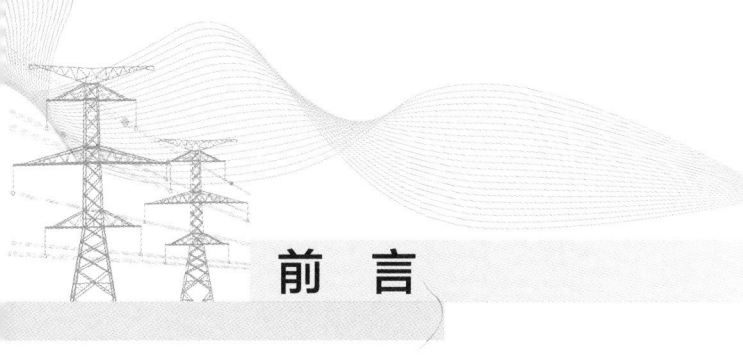

为贯彻落实国家安全生产法律法规（特别是新《安全生产法》）和国家电网公司关于安全生产的有关规定，适应安全教育培训工作的新形势和新要求，进一步提高电网企业生产岗位人员的安全技术水平，推进生产岗位人员安全等级培训和认证工作，国网浙江省电力有限公司在 2016 年出版的"电网企业员工安全技术等级培训系列教材"的基础上组织修编，形成"电网企业员工安全等级培训系列教材（第二版）"。

"电网企业员工安全等级培训系列教材（第二版）"包括《公共安全知识》分册和《变电检修》《电气试验》《变电运维》《输电线路》《输电线路带电作业》《继电保护》《电网调控》《自动化》《电力通信》《配电运检》《电力电缆》《配电带电作业》《电力营销》《变电一次安装》《变电二次安装》《线路架设》等专业分册。《公共安全知识》分册内容包括安全生产法律法规知识、安全生产管理知识、现场作业安全、作业工器（机）具知识、通用安全知识五个部分；各专业分册包括相应专业的基本安全要求、保证安全的组织措施和技术措施、作业项目安全风险管控、隐患排查治理、生产现场的安全设施、典型违章举例与事故案例分析、班组安全管理七个部分。

本系列教材为电网企业员工安全等级培训专用教材，也可作为生产岗位人员安全培训辅助教材，宜采用《公共安全知识》分册加专业分册配套使用的形式开展学习培训。

鉴于编者水平所限，不足之处在所难免，敬请读者批评指正。

编　者
2023 年 1 月

目 录

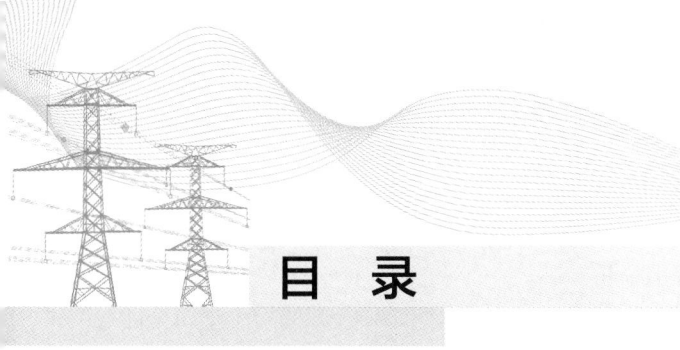

前言

第一章 基本安全要求 ………………………………………………………… 1
第一节 一般安全要求 ………………………………………………………… 1
第二节 绝缘工器具安全要求 ………………………………………………… 2
第三节 绝缘斗臂车使用要求 ………………………………………………… 8
第四节 10kV 电缆不停电作业安全要求 …………………………………… 10
第五节 现场标准化作业指导书（卡）的编制与应用 …………………… 12

第二章 保证安全的组织措施和技术措施 …………………………………… 17
第一节 保证安全的组织措施 ……………………………………………… 17
第二节 保证安全的技术措施 ……………………………………………… 21
第三节 其他相关技术措施 ………………………………………………… 23

第三章 作业项目安全风险管控 ……………………………………………… 26
第一节 概述 ………………………………………………………………… 26
第二节 作业安全风险辨识与控制 ………………………………………… 38

第四章 隐患排查治理 ………………………………………………………… 67
第一节 概述 ………………………………………………………………… 67
第二节 隐患标准及隐患排查 ……………………………………………… 69
第三节 隐患治理及重大隐患管理 ………………………………………… 76
第四节 隐患排查治理案例 ………………………………………………… 78

第五章 生产现场的安全设备设施 …………………………………………… 85
第一节 安全标志 …………………………………………………………… 85
第二节 设备标志 …………………………………………………………… 97
第三节 安全警示线 ………………………………………………………… 100

第四节　安全防护设施 …………………………………………… 101
第六章　典型违章举例与事故案例分析 …………………………… 104
第一节　典型违章举例分析 ……………………………………… 104
第二节　事故案例分析 …………………………………………… 110
第七章　班组安全管理 ……………………………………………… 117
第一节　班组日常安全管理 ……………………………………… 117
第二节　作业安全监督 …………………………………………… 119
附录 A　现场标准化作业指导书（卡）范例 ……………………… 124
附录 B　现场处置方案范例 ………………………………………… 135

第一章

基本安全要求

第一节 一般安全要求

一、带电作业基本条件

（一）天气条件

（1）带电作业应在良好天气下进行，作业前须进行风速和湿度测量。

（2）风力大于 5 级，或湿度大于 80%时，不宜进行带电作业。

（3）若遇雷电、雪、雹、雨、雾等不良天气，禁止带电作业。

（二）环境条件

（1）现场环境必须符合带电作业条件，在特殊或紧急条件下必须进行带电作业时，组织有关工程技术人员和全体作业人员充分讨论，制定可靠的安全措施和技术措施，经批准后方可进行。夜间作业应有足够的照明设施。

（2）由于受到道路、作业环境等影响，作业方法和大型作业装备的应用均受到限制，一般情况下开展不停电作业可以采用绝缘杆作业法、绝缘平台、绝缘脚手架和绝缘蜈蚣梯进行作业。绝缘杆作业法、绝缘平台、绝缘脚手架和绝缘蜈蚣梯作业适用于多种带电施工场所和高空带电作业，弥补了绝缘斗臂车不能进场施工的不足。

（三）人员条件

（1）参加带电作业的人员，应经专门培训，考试合格取得资格、获单位批准后，方可参加相应的作业。

（2）带电作业工作票签发人和工作负责人、专责监护人应由具有带电作业资格和实践经验的人员担任。

（3）带电作业班组应重视带电作业人员的培训和日常管理，不断提高作业技能和工艺水平。

（4）带电作业人员的身体状况应符合《国家电网公司电力安全工作规程（配电部分）（试行）》（简称《配电安规》）要求。

第二节　绝缘工器具安全要求

绝缘材料又称电介质，它与导电材料相反，在恒定电压作用下，除有极微小的泄漏电流通过外，实际上是不导电的。

绝缘材料在配电带电作业中有着非常重要的地位，是确保作业人员人身安全和电气设备安全的物质基础。它不仅起着将高电位对地隔离的作用，也起着承担一定机械力的作用。可以说，没有优良的绝缘材料，就不能开展配电带电作业。

一、绝缘材料电气性能安全要求

绝缘材料的电气性能指标主要是绝缘电阻、介质损耗和绝缘强度。

（一）绝缘电阻

绝缘材料在恒定电压下，总有一微小的泄漏电流通过，泄漏电流大小与绝缘材料的绝缘电阻成反比。绝缘材料应具有很强的绝缘电阻。

（二）介质损耗

绝缘材料在恒定电压下，发热所消耗的电能称为介质损耗。受交流电压作用时的介质损耗较大。介质损耗的大小，可以用介质损耗角正切值 $\tan\delta$（或介质损耗角 δ）及介质损耗功率 P 表示。

（三）绝缘强度（击穿强度）

绝缘材料在电场中，由于极化、泄漏电流及高电场区局部放电所产生的热损耗等的作用，当电场强度超过某数值时，就会在绝缘材料中形成导电通道而使绝缘破坏，这种现象称为绝缘的击穿。绝缘被击穿瞬间所施加的最高电压，称为绝缘的击穿电压。绝缘材料抵抗电击穿的能力，称为击穿强度或绝缘强度。

绝缘材料在一定的电压作用下和规定的时间内，绝缘层没有发生击穿现象的电压值，称为耐受电压。

绝缘电阻、介质损耗、绝缘强度是检验绝缘材料电气性能的主要指标，配电带电作业工器具的绝缘材料必须是绝缘电阻大、介质损耗小、绝缘强度高的材料。不同材料有不同的要求，达到规范要求后带电作业才是安全的。

二、安全距离要求

带电作业的安全距离是指为保证人身安全，作业人员与不同电位（相位）的物体之间所应保持的各种最小空气间隙距离的总称。具体地说，安全距离包含下列五种间隙距离：最小安全距离、最小对地安全距离、最小相间安全距离、最小安全作业距离和最小组合间隙。

所谓"保证人身安全"，是指在这些安全距离下，带电体上产生了可能出现的各种过电压时，该间隙都不可能发生击穿或击穿的概率低于预先规定的一个十分微小的可接受值。

（一）安全距离的定义

（1）最小安全距离，是指为了保证人身安全，地电位作业人员与带电体之间应保持的最小距离。具体要求如表1-1所示。

表1-1　　　　　最 小 安 全 距 离

电压等级（kV）	10	20	35
距离（m）	0.4	0.5	0.6

（2）最小对地安全距离，是指为了保证人身安全，中间电位作业人员与周围接地体之间应保持的最小距离，其数值与最小安全距离相同。具体要求如表1-1所示。

（3）最小相间安全距离，是指为了保证人身安全，中间电位作业人员与邻近带电体之间应保持的最小距离。具体要求如表1-2所示。

表1-2　　　　　最 小 相 间 安 全 距 离

电压等级（kV）	10	20	35
距离（m）	0.6	0.7	0.8

（4）最小安全作业距离，是指为了保证人身安全，考虑到工作中必要的活动范围，地电位作业人员在作业过程中与带电体之间应保持的最小距离。

确定最小安全距离的基本原则是：在最小安全距离的基础上增加一个合理

的人体活动增量。一般而言，增量可取 0.5m。具体要求如表 1-3 所示。

表 1-3　　　　　　　　最 小 安 全 作 业 距 离

电压等级（kV）	≤10	20	35
距离（m）	0.7	1.0	1.0

（5）最小组合间隙，是指为了保证人身安全，在组合间隙中的作业人员处于最低的 50%操作冲击放电电压位置时，人体对接地体和对带电体两者应保持的最小距离之和。

（二）现场安全距离要求

（1）由于 10kV 配电装置紧凑、复杂，为保证作业的安全，"人体对地的安全距离"和"人体与邻相带电体的安全距离"等均参照等电位作业人员的安全距离。

（2）作业人员应注意作业空间、与作业对象不同电位的物体之间保持足够的距离。

（3）绝缘杆作业法作业人体与带电体之间不得小于 0.4m 的安全距离。

（4）绝缘手套作业法作业人员始终保持相地之间不小于 0.4m 的安全距离，相间不小于 0.6m 的安全距离。

（5）高架绝缘斗臂车绝缘臂金属部分与带电体之间不得小于 0.9m 的安全距离。

（6）安全距离不能保证时，应对地电位物体或带电体做好绝缘遮蔽措施。

（7）作业中绝缘工具应有足够的有效绝缘长度。绝缘操作杆的有效绝缘长度不得小于 0.7m；绝缘承力工具和绝缘绳索的有效绝缘长度不得小于 0.4m；伸缩式绝缘臂的高架绝缘斗臂车，工作中绝缘臂伸出有效绝缘长度不得小于 1.0m。

三、绝缘工具有效绝缘长度及使用要求

绝缘工具有效绝缘长度是指绝缘工具从握手（或接地）部分起至带电导体间的长度，并扣除中间的金属部件长度后的绝缘长度。

（一）绝缘工具最小有效绝缘长度的确定

带电作业的绝缘工具最小有效绝缘长度，是保证安全的关键。根据试验，当绝缘工具的长度在 3.5m 以下时，其沿绝缘体表面放电电压等于空气间隙的

击穿电压,说明绝缘工具在一定距离下能承受较高的电压(但要注意不能使绝缘工具受潮),所以对支、拉吊杆等承力工具和绝缘绳索的最短有效长度规定为空气的最小安全距离。

(二)绝缘工具最小有效绝缘长度的规定

绝缘承力工具和绝缘绳索的最小有效绝缘长度应符合表1-4的规定。

表1-4　　　　绝缘承力工具和绝缘绳索最小有效绝缘长度

额定电压 (kV)	海拔 H (m)	最小有效绝缘长度 (m)
10	$H \leqslant 3000$	0.4
10	$3000 < H \leqslant 4500$	0.6
20	$H \leqslant 1000$	0.5
35	$H \leqslant 1000$	0.6

绝缘操作工具的最小有效绝缘长度应符合表1-5的规定。

表1-5　　　　　绝缘操作工具最小有效绝缘长度

额定电压 (kV)	海拔 H (m)	最小有效绝缘长度 (m)
10	$H \leqslant 3000$	0.7
10	$3000 < H \leqslant 4500$	0.9
20	$H \leqslant 1000$	0.8
35	$H \leqslant 1000$	0.9

(三)常用带电作业工具使用要求

1. 带电作业工具使用一般要求

(1)带电作业工具应绝缘良好、连接牢固、转动灵活,并按厂家使用说明书、现场操作规程正确使用。

(2)带电作业工具使用前应根据工作负荷校核机械强度,并满足规定的安全系数。

(3)带电绝缘工具应装在专用工具袋、工具箱或专用工具车内,以防受潮和损伤。发现绝缘工具受潮或表面损伤、脏污时,应及时处理并经试验或检测合格后方可使用。避免与金属材料、工具混放。

（4）进入作业现场应将使用的带电作业工具放置在防潮的帆布或绝缘垫上，以防脏污和受潮。

（5）带电作业工具使用前，应进行擦拭和外观检查，仔细检查确认没有损坏、受潮、变形、失灵等异常现象，否则禁止使用。检查绝缘工具时应戴清洁、干燥的手套，并使用2500V及以上绝缘电阻检测仪进行分段绝缘检测（电极宽2cm，极间宽2cm），阻值应不低于700MΩ。

2. 绝缘手套使用要求

（1）使用绝缘手套前，检查绝缘手套是否有试验标签，是否在试验周期内。

（2）使用前，应进行外观检查，用干燥、清洁毛巾擦净绝缘手套表面污垢和灰尘，检查绝缘手套内外表面有无划伤，检查绝缘橡胶有无老化黏合，如发现有发黏、裂纹、破口（漏气）、气泡、发脆等损坏时，禁止使用。

（3）使用前应对绝缘手套进行气密性检查，如有漏气现象，禁止使用。使用绝缘手套时应外戴防刺穿手套，并由现场安全监护人员进行检查。

3. 绝缘靴使用要求

（1）绝缘鞋（靴）只能在规定工作电压范围内作为辅助安全用具使用，不同级别适用于不同电压等级的绝缘鞋（靴）见表1-6。穿用绝缘鞋（靴）工作必须严格遵守《配电安规》的有关规定。

表1-6　　　　不同级别适用于不同电压等级的绝缘鞋（靴）

级别	电压等级（V）	级别	电压等级（V）
0	400	3	20 000
1	3000	4	35 000
2	6000、10 000		

（2）检查绝缘鞋（靴）是否有试验标签，是否在试验周期内。

（3）绝缘鞋（靴）凡有破损、鞋底防滑齿磨平、外底磨坏露出绝缘层或预防性检验不合规时，均不得再作绝缘鞋（靴）使用。

（4）穿用绝缘鞋（靴）应避免接触锐器，防止机械损伤；同时还应避免接触高温、油、酸、碱和腐蚀性物质，以免损坏绝缘材料。

4. 绝缘安全帽使用要求

（1）使用与带电作业要求相符合的绝缘安全帽，检查是否有试验标签，是否在试验周期内。

（2）要定期检查，检查有没有龟裂、下凹、裂痕和磨损等情况，发现异常现象时要立即更换，不准再继续使用。

（3）使用前，应检查帽壳、帽衬、帽箍、顶衬、下颏带等附件完好无损。

（4）使用时，应将下颏带系好，防止工作中前倾后仰或其他原因造成滑落。

5. 绝缘披肩（服）、绝缘袖套、绝缘裤使用要求

（1）检查绝缘披肩（服）、绝缘袖套、绝缘裤是否有试验标签，是否在试验周期内。

（2）绝缘披肩（服）、绝缘袖套、绝缘裤使用前应检查有无深度划痕、裂缝、明显孔洞等缺陷，若存在严重缺陷应禁止使用。

（3）使用前应用干燥、清洁的毛巾对绝缘披肩（服）、绝缘袖套、绝缘裤擦拭。

6. 绝缘操作杆使用要求

（1）所用的绝缘操作杆必须符合操作设备的电压等级。

（2）使用前，应进行外观检查，并用干燥、清洁的毛巾擦净绝缘操作杆表面污垢和灰尘，表面应光滑洁净，无气泡、皱纹、开裂，杆件间连接牢固。阻值应不低于 700MΩ。

（3）使用时，作业人员手不准越过护环或手持部分的界限。人体应与带电设备保持安全距离，并注意防止绝缘杆被人体或设备短接，以保持有效的绝缘长度。

7. 绝缘毯使用要求

（1）使用前应检查有无刺孔、划破等缺陷，若存在严重缺陷应禁止使用。

（2）使用前用干燥、清洁的毛巾擦拭。

（3）使用中遮蔽用具结合处应有不小于 15cm 的重合部分。

8. 绝缘遮蔽罩使用要求

（1）应有阻隔的绝缘和机械强度。用于 10kV 电压等级时，绝缘厚度不应小于 3mm。

（2）绝缘遮蔽罩之间的结合处应有不小于 15cm 的重合部分。

（3）检查绝缘遮蔽罩应无破损、老化。

9. 绝缘绳使用要求

（1）绝缘绳应保持干燥洁净。使用前应检查绝缘绳无断股、损伤。

(2) 使用时防止绝缘绳受潮，因绝缘绳受潮后闪络电压不但显著降低，而且泄漏电流显著增加，导致绝缘绳发热，甚至产生明火。

(3) 根据工作要求选用不同机械性能的常规强度绝缘绳索或高强度绝缘绳索。根据不同气候条件选用常规型绝缘绳索或防潮型绝缘绳索。

第三节　绝缘斗臂车使用要求

一、使用前的安全检查

配电带电作业使用绝缘斗臂车之前，必须全面了解绝缘斗臂车的性能和操作步骤，并进行必要的安全检查。

（一）外观检查

（1）对汽车轮胎进行检查，检查轮胎是否漏气、车轮螺母是否松动、轮胎的磨损程度。

（2）检查各连接部位的紧固是否牢固。

（3）检查各液压油路是否有漏油、渗油现象。

（4）检查绝缘斗臂车绝缘臂、绝缘斗是否清洁、干净、干燥；斗上是否有遗留物。

（5）绝缘斗臂车的伸缩臂是否收回到位，工作臂和工作斗是否离开托架。

（6）绝缘斗臂车的支腿是否收回到位。

（7）检查小吊、小吊臂是否收回到位。

（8）检查回转平台上是否影响转台正常回转的物体及杂物。

（9）检查接地装置是否完好，固定是否牢靠。

（10）检查工具箱门是否可靠关闭并上锁。

（二）例行检查

（1）按绝缘斗臂车说明书中的"正常工作条件"进行检查。

（2）对绝缘斗臂车各部件润滑进行检查。

（3）检查燃油表油量、液压油是否充足；尿素存量是否充足。

（4）检查发动机是否能正常工作。

（5）检查液压传动、回转系统是否正常。

（6）检查升降系统、伸缩系统工作是否正常。

（7）检查取力装置是否正常工作。

（8）检查仪表盘指示灯及仪表工作状态是否正常。

二、行驶中的安全要求

（1）严禁在工作斗内载人的状态下行驶。

（2）绝缘斗臂车行驶时不要紧急刹车。

（3）行驶时禁止超载堆放物品、工具等。

（4）行驶时应注意交通道路标高情况，禁止违规行驶。

（5）将取力器开关关闭，确认电源指示灯熄灭，取力器脱开。

（6）轮胎的气压要保持在规定的压力范围内，气压过低会降低行驶的安全性。

（7）在长坡道、雨天、冰冻及积雪路面上行驶时，要控制车辆的行驶速度，轮胎采取防滑措施。

（8）倒车时，必须有人指挥，按照指挥者的指令驾驶。

（9）不要疲劳过度或酒后开车。

三、作业前的安全要求

（1）警示标志要设置合理，以免妨碍人或车辆的通行；在城市道路上停车作业要考虑来往车辆行驶的宽度，特殊情况与交通部门联系采取封道措施。

（2）避免支腿停放在沟道盖板上。

（3）在土路基面上停车，4只支腿下面必须垫上钢垫板，水泥路面上停车在确保安全的情况下可以不垫垫板。

（4）车辆停放允许的路面最大倾斜角度为车辆前方下倾7°以内；车辆必须前方下倾驻车；拉停车制动器操作杆，确认车辆不动；在每只轮胎的下坡侧放置随车的轮胎制动楔块或适当的三角挡块；轮胎制动楔块必须与轮胎紧密接触。支腿支撑好后，确认车辆前后左右基本处于水平。

（5）作业前检查紧急停止开关，确认该开关是否有效，是否有卡顿现象。

（6）夜间作业时，请确认作业现场的照明，尤其是操作装置部位。

（7）灰尘及水分附着在工作斗、工作斗内衬、绝缘工作臂上时，工作前，必须使用柔软干燥的布擦净方可使用。

（8）在进行带电作业及接近带电线路上作业前，车辆必须做好接地工作。

（9）在进行作业前，水平支腿的伸出跨距应尽量大，垂直支腿可靠地支撑车体，再进行作业。

（10）绝缘斗臂车使用前应在预定位置空斗试操作一次，确认液压传动、回转、升降、伸缩系统工作正常、操作灵活，制动装置可靠。

四、作业时的安全要求

（1）作业时，绝缘臂伸出有效绝缘长度不小于1m。

（2）进行旋转操作时，请确认周围情况后再进行。

（3）工作中绝缘臂（起重臂）的旋转范围和工作斗挑出的范围不得超出围栏外。

（4）任何人不得进入工作臂、工作斗及起吊物的下方，特别对过往行人严加防范。

（5）作业人员不得将身体重心越出工作斗之外，不得踩踏在扶手上进行作业。

（6）不得在工作斗内使用扶梯、踏板等进行作业，不得从工作斗上跨越到其他建筑物上，不得使用工作臂及工作斗推拉物体，不得在工作臂及工作斗上装吊钩或滑轮进行起吊物品和放线。

（7）工作斗不得超载，勿装高于工作斗的金属物品，不要装载可能损伤工作斗的器材。

（8）禁止用工作臂或工作斗抬举电线，不得用起重机进行拉线作业，不得用小吊绳横拉作业。

（9）小吊起吊货物时，必须使用挂钩缆绳，不要直接用小吊缆绳系货物。

（10）回转作业时，请确认转台和工具箱之间有无人或物被夹住；注意工作斗与建筑物等构件之间的距离，避免人手在扶手上时被夹伤；在操作手柄处不要放置物件。

第四节　10kV 电缆不停电作业安全要求

一、一般安全注意事项

根据 10kV 电缆不停电作业的特点，作业人员除遵守《配电安规》和 Q/GDW

710—2012《10kV 电缆线路不停电作业技术导则》的有关规定外，还要特别关注以下重要安全注意事项，谨防误碰有电设备：

（1）在电缆线路检修和改接中锯断电缆前，必须认真鉴别电缆（停电电缆）。电缆经鉴别无误后，还应用接地的带木柄铁钎钉入电缆导体，以证实电缆确无电压。进行该操作时，扶木柄的工作人员应戴绝缘手套、穿绝缘靴，站在绝缘垫上，敲击的工作人员应戴护目镜。

（2）工作中必须严格执行工作票、工作许可、现场站班会、工作监护和工作间断、工作终结等电力安全工作制度。现场所有工作人员都必须明确自己所承担的安全责任。

（3）在电缆终端上工作，必须仔细核对铭牌，停电工作要实行验电、放电、接地等必需的安全措施。工作人员接近无遮栏的有电设备时，必须有人监护，并保持相地不小于 0.4m、相间不小于 0.6m 的安全距离。

（4）设备上没有挂设接地线，明知该电缆线路已停电，也应认为该线路有随时恢复送电的可能。

二、作业项目及要求

（一）带电断、接空载电缆线路与架空线路连接引线

（1）带电断、接空载电缆线路与架空线路连接引线时，根据现场勘察记录计算电缆线路空载状态下的电容电流，采用合适的作业方式。

1）空载电容电流不大于 0.1A 时，可采用直接消弧方式，即作业人员戴好防护目镜，单手持引线迅速脱离或连通线路，利用空气间隙灭弧。

2）空载电容电流在 0.1~5A（含）之间时，应使用专用的消弧开关，消弧开关的断流能力与被断、接空载电缆线路的电容电流相适应。

3）空载电容电流大于 5A 时，禁止作业。

（2）带电断开空载电缆线路与架空线路连接引线之前，应对引线进行测流确认电缆处于空载状态。

（3）带电接空载电缆线路与架空线路连接引线之前，应确认电缆线路试验合格，对侧电缆终端连接完好，接地装置已拆除，并与负荷设备断开。

（二）旁路作业

1. 不停电检修电缆线路

采用旁路作业方式进行电缆线路不停电作业时，旁路电缆两侧的环网柜等

设备均应带有开关，并预留备用间隔。

2. 短时停电检修电缆线路

旁路电缆环网柜等设备没有预留备用间隔时，可采用旁路作业方式进行电缆线路短时停电作业。

第五节　现场标准化作业指导书（卡）的编制与应用

一、现场标准化作业指导书（卡）的编制原则和依据

（一）现场标准化作业指导书的编制原则

按照电力安全生产有关法律法规、技术标准、规程规定的要求和《国家电网公司现场标准化作业指导书编制导则》，作业指导书的编制应遵循以下原则：

（1）坚持"安全第一、预防为主、综合治理"的方针，体现凡事有人负责、凡事有章可循、凡事有据可查、凡事有人监督。

（2）符合安全生产法规、规定、标准、规程的要求，具有实用性和可操作性。概念清楚、表达准确、文字简练、格式统一，且含义具有唯一性。

（3）现场作业指导书的编制应依据生产计划和现场作业对象的实际，进行危险点分析，制定相应的防范措施。体现对现场作业的全过程控制，对设备及人员行为的全过程管理。

（4）现场作业指导书应在作业前编制，注重策划和设计，量化、细化、标准化每项作业内容。集中体现工作（作业）要求具体化、工作人员明确化、工作责任直接化、工作过程程序化，做到作业有程序、安全有措施、质量有标准、考核有依据，并起到优化作业方案、提高工作效率、降低生产成本的作用。

（5）现场作业指导书应以人为本，贯彻安全生产健康环境质量管理体系的要求，应规定保证本项作业安全和质量的技术措施、组织措施、工序及验收内容。

（6）现场作业指导应结合现场实际由专业技术人员编写，由相应的主管部门审批，编写、审核、批准和执行应签字齐全。

（二）现场标准化作业指导书的编制依据

（1）安全生产法律、法规、规程、标准及设备说明书。

（2）缺陷管理、反措要求、技术监督等企业管理规定和文件。

二、现场标准化作业指导书的内容和格式

现场标准化作业指导书包括封面、范围、引用文件、前期准备（包括1份现场勘察记录）、流程图、作业程序和标准（包括危险点和控制措施）、验收记录、现场标准化指导书执行情况评估和附录9个部分。

（一）封面

现场标准化作业指导书的封面由标题、编号、编写人及时间、审核人及时间、批准人及时间、作业负责人、作业时间、编写单位8项内容组成。

（1）指导书标题采用"主标题+副标题"的形式。主标题即作业项目名称；副标题包含电压等级、线路名称、杆塔编号及工作内容。例《LW–IGW（IMEWP）断、接引线——10kV×××线搭接空载跌落式熔断器上引线现场标准化作业指导书》。

（2）编号应具有唯一性和可追溯性，便于查找。位于封面的右上角。编号的基本结构是：DDZY/×××××××××××，例如"DDZY/34040807001"，其中"DDZY"为"带电作业"代号，"34"为该供电公司在用户供电可靠性管理系统中的代码；"04"为部门或班组在用户供电可靠性管理系统中的代码，没有代码的部门（班组）由本单位新增代码；"08"表示某现场标准化作业指导书的代码；"07001"表示该部门（班组）2007年"08"项目的第一本标准化作业指导书。

（3）编写人及时间。负责指导书编写的人员，在指导书编写人一栏内签名，并注明编写时间。

（4）审核人及时间。负责指导书的审批，对编写的正确性负责，在审核人一栏内签名，并注明审核时间。

（5）批准人及时间。指导书执行的许可人，在批准人一栏内签名，并注明批准时间。

（6）指导书应有"作业负责人"和"作业时间"两栏。"作业负责人"组织执行指导书，对作业的安全、质量负责，在作业负责人一栏内签名。"作业时间"为现场作业具体工作时间。

（二）范围

规定现场标准化作业指导书的具体应用范围，应指明装置名称、工作内容、作业方式。如：本现场标准化作业指导书针对"10kV××线××杆"使

用绝缘斗臂车绝缘手套作业法"更换直线杆绝缘子"工作编写而成，仅适用于该项工作。

（三）引用文件

明确编写指导书所引用的法规、规程、标准、设备说明书及企业管理规定和文件，按标准格式列出。

（四）前期准备

（1）作业人员：规定本次作业中作业人员数量及相关要求。

（2）作业人员要求：规定作业人员的精神状态；规定作业人员的资格，包括作业技能、安全资质等。

（3）作业人员分工：规定作业人员在本次作业中工作分工，现场工作负责人"三交三查"（交工作任务、交安全措施、交技术措施，查精神状态、查着装、查工器具）后，班组成员签名确认。

（4）作业中人员岗位分布图。综合性作业（如综合性旁路作业）涉及几个工作面，作业人员较多时，为有条理地组织工作，宜采用"人员岗位分布图"指明各工作成员的位置及各位置所需工器具等。

（5）工器具。为防止将不合格工器具带出引起工作安全隐患及防止漏带，出工前领用时应对工器具和材料进行逐项清点数量并做外观检查。内容包括个人安全防护用具、一般工器具、绝缘遮蔽工具、绝缘工具，以及材料等。备注栏也可作为现场检测工器具时记录用。

（五）流程图

综合性作业（如综合性旁路作业）由多个工作环节组成或几个工作面或涉及多个班组的，为明晰现场作业的检修顺序、安全措施，有条理地组织工作，宜使用流程图。

（六）作业程序和标准

作业程序和标准的内容包括作业步骤、工艺、质量标准等。为了使危险点控制措施落到实处，在每个步骤中必须进行危险点分析，并写明控制措施。

（1）开工准备。包括现场再次勘查、安全措施的落实、工作许可、站班会、现场布置、工器具检查等。

（2）作业过程。作业过程应符合"精益化"的要求。步骤不宜太细，太细则不利于现场指挥和监护；太粗略则不能体现本次作业中的特殊要求，不利于现场作业危险点控制。应体现本次作业的重点、难点。作业过程的行文要求如下：

1）作为10kV配电带电作业的技术措施，绝缘遮蔽、隔离措施的实施和拆除必须作为单独的步骤来写。

2）应使用完整的句式，即每个步骤的描述语句应主、谓、宾齐全，以明确每个作业人员的职责。

3）前后要有呼应，如××条步骤："斗内1号作业人员在'××部位'使用××设置绝缘遮蔽、隔离措施"，则应有相对应的后续步骤："斗内1号作业人员在'××部位'使用××撤除绝缘遮蔽、隔离措施"。

（3）工作结束。规定工作结束后注意事项，如清理工作现场、清点工具、回收材料、办理工作票等。

（七）验收记录

记录检修结果，对检修质量做出整体评价；记录存在的问题及处理意见。

（八）现场标准化指导书执行情况评估

对指导书的执行情况进行评估，指出不足和改进意见。

（九）附录

根据需要添加，如现场装置照片等。

配电带电作业现场标准化作业指导书范例见附录A。

三、标准化作业卡的编制

按照"简化、优化、实用化"的要求，现场标准化作业根据不同的作业类型，采用风险控制卡、工序质量控制卡，重大检修项目应编制施工方案。风险控制卡、工序质量卡统称为现场执行卡。

（1）基层班组在带电作业工作任务下达后，首先组织现场勘察，工作负责人根据勘察结果，参照现场标准化作业指导书并结合现场实际，具体编制现场标准化作业卡。一次作业任务应编制一份现场标准化作业卡。现场标准化作业卡编制时，应注重策划和设计，量化、细化、标准化每项作业内容，做到作业有程序、安全有措施、质量有标准、考核有依据。

（2）现场标准化作业卡应结合现场实际，进行危险点分析，制定相应的防范措施，在工作每个环节中落实。

（3）现场标准化作业卡（简称作业卡）应体现对现场作业的全过程控制，体现对设备及人员行为的全过程管理。

（4）作业卡的编制应依据生产计划和现场装置实际状况，应实行刚性管理，变更应严格履行审批手续。

（5）作业卡应体现分工明确，责任到人。

（6）作业卡应由工作负责人编写，由班组长（或班组技术员和安全员）审核，由本项工作任务带电作业工作票的签发人批准。

（7）概念清楚、表达准确、文字简练、格式统一。

四、标准化作业卡的应用

（1）现场标准化作业卡是现场记录的唯一形式。除了按照生产 MIS 应用管理要求必须在生产 MIS 中做班组技术记录外，不应有其他的现场记录形式。

（2）凡列入生产计划的工作应使用现场标准化作业卡，临时性检修宜采用现场标准化作业卡。

（3）作业前应组织作业人员对现场标准化作业卡进行专题学习，使作业人员熟练掌握工作程序和要求。

（4）现场作业应严格执行现场标准化作业卡，由工作负责人逐项打钩，并做好记录，不得漏项。工作负责人对现场标准化作业卡按作业程序的正确执行全面负责。

（5）现场标准化作业卡在执行过程中，如发现不切合实际、与相关图纸及有关规定不符等情况，应立即停止工作。工作负责人根据现场实际情况及时修改作业卡，征得现场标准化作业卡批准人的同意并做好记录后，按修改后的作业卡继续工作。

（6）对于综合性施工作业，如大型旁路作业，应尽量分成多个工作面，各工作面由一作业小组负责，各小组分别使用与本工作面实际相符的现场标准化作业卡，总工作负责人使用总的现场标准化作业卡统一指挥、组织工作过程，协调不同作业面之间的关系。

（7）使用过的现场标准化作业卡，经专业技术人员审核后存档。作业有工作票的，应和工作票一同存档。存档时间为 1 年。

第二章

保证安全的组织措施和技术措施

第一节　保证安全的组织措施

在配电线路和设备上进行带电作业工作，保证安全的组织措施包括：现场勘察制度，工作票制度，工作许可制度，工作监护制度，工作间断、转移制度，工作终结制度。

一、现场勘察制度

配电带电作业工作，工作票签发人或工作负责人认为有必要现场勘察的，应根据工作任务组织现场勘察，并填写现场勘察记录。现场勘察应由工作票签发人或工作负责人组织，工作负责人、设备运维管理单位（用户单位）和检修（施工）单位相关人员参加。对涉及多专业、多部门、多单位的作业项目，应由项目主管部门、单位组织相关人员共同参与。

现场勘察应查看作业设备各种间距、交叉跨越、杆塔结构、档距和相位、地形状况、周围环境、缺陷部位及严重程度等工作。还应查阅资料，了解作业设备的导、地线规格、型号、设计所取的安全系数及载荷；系统接线及运行方式等。必要时还应验算导线应力；计算空载电流、环流和电位差；计算作业时的弧垂，并校核对地或被跨物的安全距离。

现场勘察后，现场勘察记录应送交工作票签发人、工作负责人及相关各方，作为填写、签发工作票等的依据。工作票签发人根据现场勘察结果判定是否具备带电作业条件，并认证工作的必要性、提出针对性的安全措施和注意事项；然后确定作业方法以及应采取的安全措施，并做出是否需要停用重合闸的决定，最后签发带电作业工作票。开工前，工作负责人或工作票签发人应重新核对现场勘察情况，发现与原勘察情况有变化时，应及时修正、完善相应的安全措施。

二、工作票制度

（一）工作票的填用

配电带电作业应使用《配电安规》配电带电作业工作票。工作票填写应正确清楚，安全措施及内容应齐全完备。工作票中涉及的配电线路和设备应填写双重名称和电压等级。设备双重名称应按照调度控制中心（调控中心）、运检部书面公布的文件为准。若系同杆架设多回线路，则应注明停电同杆架设其他多回线路的双重名称。对同一电压等级、同类型、相同安全措施且依次进行的数条配电线路上的带电作业，可使用一张配电带电作业工作票。

工作票可由工作负责人填写，工作票签发人审核并签发。也可由工作票签发人填写、签发，但工作负责人在接受工作任务时必须审核。工作票签发人核对所填项目无误后签名并填写签发日期。安全措施由工作票签发人（工作负责人）根据作业设备的电压等级、范围、地点等情况填写相应的安全技术措施及注意事项（如停用重合闸等），包括：工作人员的绝缘服、绝缘手套及所使用的带电工器具情况；遮栏、标示牌悬挂情况；相关设备的运行情况、安全距离；防止发生事故的其他安全措施等。一个工作负责人不能同时执行多张工作票。

（二）工作票所列人员的基本条件

（1）工作票签发人应由熟悉人员技术水平、配电网络接线方式、设备情况、熟悉《配电安规》，并具有配电带电作业工作经验的生产领导、技术人员或经本单位批准的人员担任。

（2）工作负责人应由有配电带电作业工作经验，熟悉工作范围内的设备情况、熟悉《配电安规》，并经工区（车间，下同）批准的人员担任，名单应公布。

（3）工作许可人应由熟悉配电网络接线方式、熟悉配电带电作业工作范围内的设备情况、熟悉《配电安规》，并经工区批准的人员担任，名单应公布。

（4）专责监护人应由具有相关专业工作经验，熟悉配电带电作业工作范围内的设备情况和《配电安规》的人员担任。

（三）工作票所列人员的安全责任

（1）工作票签发人的安全责任：确认工作必要性和安全性；确认工作票上所列安全措施正确完备；确认所派工作负责人和工作班成员妥当、充足。

（2）工作负责人的安全责任：正确组织工作；检查工作票所列安全措施是否正确完备，是否符合现场实际条件，必要时予以补充完善；工作前，对工作班成员进行工作任务、安全措施交底和危险点告知，并确认每个工作班成员都已签名；组织执行工作票所列由其负责的安全措施；监督工作班成员遵守《配电安规》、正确使用劳动防护用品和安全工器具以及执行现场安全措施；关注工作班成员身体状况和精神状态是否出现异常迹象，人员变动是否合适。

（3）工作许可人的安全责任：审票时，确认工作票所列安全措施是否正确完备，对工作票所列内容产生疑问时，应向工作票签发人询问清楚，必要时予以补充；保证由其负责的停、送电和许可工作的命令正确；确认由其负责的安全措施正确实施。

（4）专责监护人的安全责任：明确被监护人员和监护范围；工作前，对被监护人员交代监护范围内的安全措施、告知危险点和安全注意事项；监督被监护人员遵守《配电安规》和执行现场安全措施，及时纠正被监护人员的不安全行为。

（5）工作班成员的安全责任：熟悉工作内容、工作流程，掌握安全措施，明确工作中的危险点，并在工作票上履行交底签名确认手续；服从工作负责人（监护人）、专责监护人的指挥，严格遵守《配电安规》和劳动纪律，在指定的作业范围内工作，对自己在工作中的行为负责，互相关心工作安全；正确使用施工机具、安全工器具和劳动防护用品。

三、工作许可制度

工作负责人在现场作业开始前，应与值班调控人员或运维人员联系，汇报工作点设备名称、工作内容、安全措施的情况。需要停用线路重合闸的作业和带电断、接引线工作应由值班调控人员履行许可手续。禁止约时停用或恢复重合闸。

实施作业前，应对作业现场进行复勘，补充工作票的补充安全措施。如安全措施或现场标准化作业指导书作业步骤有重大改变时，应与工作票签发人联系。工作班成员在明确工作负责人、专责监护人交代的工作内容、人员分工、带电部位、安全措施和危险点后，在工作票上确认签名。工作负责人确认本工作所有安全措施已正确完备后，由工作负责人宣布开始工作，并在工作票上填写开工时间并签名。

四、工作监护制度

带电作业应设专人监护，工作负责人（或专责监护人）应始终在工作现场，对作业人员的安全认真监护，及时纠正违反安全的动作。工作负责人（或专责监护人）不得擅离岗位或兼任其他工作，监护范围不得超过一个作业点。复杂的或高杆塔上的作业，必要时应增设专责监护人。新取得带电作业资格证的人员在杆上作业时，应由经验丰富的带电作业人员配合，并辅助监护。

工作负责人（监护人）如有变动，应由工作票签发人将变动情况通知工作许可人，原、现工作负责人进行必要的交接，并告知全体工作人员。若工作票签发人不能到现场，由新工作负责人代签名。工作负责人只能变动一次。工作人员如有变动，应经工作负责人同意，离开人员在工作票上签名。工作负责人必须向新进人员进行工作任务和安全措施等交底，新进人员在明确工作内容、人员分工、带电部位、安全措施和危险点，并在工作票上签名后方可参加工作，工作负责人填写变更时间及签名。

五、工作间断、转移制度

对于在同一电压等级的数条线路上进行同类型的简单作业，或者在一条线路上进行带电综合检修等类似情况，需要转移带电作业现场时，只有在原作业点工作结束，人员和工具全部从杆塔上撤离，现场清理完毕后，方可转移到新的作业点工作。

带电作业过程中若遇天气突然变化，有可能危及人身及设备安全时，应立即停止工作，撤离人员，恢复设备正常状况，或采取临时安全措施。间断工作恢复前，应检查作业现场的所有工具、器材和设备，确定安全可靠后才能重新工作。每项作业结束后，应仔细清理工作现场，工作负责人应检查设备上有无工具和材料遗留，设备是否恢复工作状态。

六、工作终结制度

带电作业工作结束，工作负责人（包括小组负责人）应全面检查工作点的状况，确认在杆塔、横担、导线绝缘子及其他辅助设备上没有遗留工具、材料等，查明全部工作人员确由杆塔上撤下。多个小组工作，工作负责人应收到所有小组负责人工作结束的汇报。工作负责人工作结束后应当面或用电话报告工作许可人，如停用重合闸的，调控值班人员恢复线路重合闸。

第二节　保证安全的技术措施

为保证配电带电作业工作安全的技术措施不同于使用第一种、第二种工作票的作业，有停用线路重合闸、使用个人绝缘防护用具、工器具现场检查和表面绝缘电阻测试、保持足够安全距离和绝缘工具有效绝缘长度、设置警告标识和围栏共五项内容。

一、停用线路重合闸装置

由于线路上的短路故障绝大多数为瞬时性故障，重合闸成功的概率很高，从而可提高线路运行的可靠性。虽然确定带电作业的安全距离的依据是操作过电压，但是由于作业中绝缘遮蔽、隔离措施的实效性、严密性、正确性，以及带电作业人员的作业习惯对安全距离的控制能力等因素，重合闸装置在重合过程中产生的过电压对带电作业人员的安全还是具有一定的威胁。停用重合闸不仅可以提高带电作业的安全性，还可以避免对带电作业人员的二次伤害。配电带电作业以下情况应停用线路重合闸：

（1）中性点有效接地的系统中有可能引起单相接地的作业。

（2）中性点非有效接地的系统中有可能引起相间短路的作业。

（3）工作票签发人或工作负责人认为有必要时。当现场作业环境比较复杂，而且带电作业签发人或工作负责人无法确定作业线路所在配电网络的中性点运行方式时，可以停用该线路的重合闸装置。

在带电作业结束后应及时向调控值班人员汇报，及时恢复重合闸装置。在带电作业过程中如设备突然停电，作业人员应视设备仍然带电。工作负责人应尽快与调度联系，调度当值未与工作负责人取得联系前不得强送电。

二、使用个人绝缘防护用具

个人绝缘防护用具虽然在配电线路带电作业中是辅助绝缘保护，但起着非常重要的作用，一是可以阻断稳态触电电流，二是可以防止静电感应暂态电击。它是保证配电带电作业安全的最后屏障。

带电作业人员应按规定着装，遵守《配电安规》高处作业有关规定。应穿戴绝缘防护用具（绝缘服或绝缘披肩、绝缘袖套、绝缘手套、绝缘鞋、绝缘安全帽等）。带电断、接引线作业应戴护目镜，使用的安全带应有良好的绝缘性能。带电作业过程中，禁止摘去或脱下个人安全绝缘防护用具。不得佩戴手表、戒指、项链等，并不得携带手机。

三、工器具现场检查和表面绝缘电阻测试

到达现场后，在作业前应检查确认在运输、装卸过程中工器具有无螺母松动，绝缘遮蔽用具、防护用具有无破损，试验标签是否齐全，预防性试验应合格且在试验周期内，并对绝缘操作工具进行绝缘电阻检测。

绝缘操作工具的绝缘电阻检测应使用 2500V 及以上绝缘电阻检测仪进行分段绝缘检测（电极宽 2cm，极间宽 2cm。）阻值应不低于 700MΩ。绝缘手套和绝缘靴在使用前应压入空气，检查有无针孔缺陷；绝缘袖套在使用前应检查有无刺孔、划破等缺陷。若存在以上缺陷，应禁止使用。

四、保持足够安全距离和绝缘工具有效绝缘长度

带电作业中，空气间隙是重要的主绝缘保护，作业人员应对身体附近异电位物体保持足够的距离。配电线路装置紧凑、复杂，为保证作业的安全，作业时相地之间的安全距离和各相之间的安全距离等均参照等电位作业人员的安全距离。绝缘工具有效绝缘长度需满足 GB/T 18857—2019《配电线路带电作业技术导则》要求。

在安全距离不能保证时，应对周围可能触及的地电位物体或带电体做好绝缘遮蔽、隔离措施。连续的遮蔽组合之间的接合部位间应有足够的重叠部分，不同电压等级配电网络带电作业要求的重叠距离如表 2-1 所示。

表 2-1　　　　　　　　遮蔽组合重叠距离

电压等级（kV）	遮蔽组合重叠距离（cm）
10	15
20	20

五、设置警告标志和装设遮栏（围栏）

城区、人口密集区或交通道口和通行道路上施工时，工作场所周围应装设

遮栏（围栏），并在相应部位装设警告标示牌。必要时，派人看管。禁止越过遮栏（围栏）。禁止作业人员擅自移动或拆除遮栏（围栏）、标示牌。因工作原因需短时移动或拆除遮栏（围栏）、标示牌时，应有人监护，完毕后应立即恢复。

围栏的范围应同时考虑道路通行、高架绝缘斗臂车专用接地线设置、工作中绝缘臂（起重臂）的旋转范围和工作斗挑出的范围、防潮毯（垫）和工器具现场摆放等。使用高架绝缘斗臂车和大型施工车辆的作业（如撤立电杆、直线杆开分段、旁路作业等）应在道路来车方向 50m 处设置警告标志，或提前与当地交警部门取得联系。

第三节　其他相关技术措施

一、带电断、接引线的技术措施

断、接引线时由于导线之间以及导线对地之间具有电容效应，引线具有空载电流，如空载电流较大，在接通或断开导线时会产生较为强烈的电弧，并且随着电流增大，燃弧时间也会越来越长，带来安全隐患。尤其是电力电缆电容效应更大，断、接空载电缆引线更应引起重视。

（1）禁止带负荷断、接引线。

（2）禁止用断、接空载线路的方法使两电源解列或并列。

（3）带电断、接空载线路时，应确认后端所有断路器、隔离开关确已断开，变压器、电压互感器确已退出运行。

（4）带电断、接空载线路所接引线长度应适当，与周围接地构件、不同相带电体应有足够安全距离，连接应牢固可靠。断、接时应有防止引线摆动的措施。

（5）带电接引线时未接通相的导线、带电断引线时已断开相的导线，应在采取防感应电措施后方可触及。

（6）带电断、接空载线路时，作业人员应戴护目镜，并采取消弧措施。消弧工具的断流能力应与被断、接的空载线路电压等级及电容电流相适应。

（7）带电断、接架空线路与空载电缆线路的连接引线应采取消弧措施，不得直接带电断、接。断、接电缆引线前应检查相序并做好标志。10kV 空载电缆长度不宜大于 3km。当空载电缆电容电流大于 0.1A 时，应使用消弧开关进行操作。

（8）带电断开架空线路与空载电缆线路的连接引线之前，应检查电缆所连接的开关设备状态，确认电缆空载。

二、带负荷作业的技术措施

在带负荷更换开关设备的项目中，负荷电流的大小对作业安全有重要的影响，所选用的分流设备其截面大小、两端线夹的载流容量应能满足最大负荷电流的要求。最大负荷电流的大小可以根据系统接线、回路导线材料和线径、设计资料等进行估算；也可以使用钳形电流表检测回路实际负荷电流的大小，再考虑负荷电流的波动及过负荷等情况来估算。

（1）带负荷更换开关设备时，应使用相应电压等级和通流能力（包括导体截面积、两端线夹载流能力，对于分流用的专用开关，还需考虑其切断、接通电流的能力）的绝缘分流线或其他分流专用设备。

（2）在短接开关设备前，应确保开关处于合闸位置。可以通过开关操动机构位置以及使用钳形电流表测设备引线负荷等多种手段进行确认。对于断路器，短接前应先取下断路器跳闸回路熔断器，并锁死跳闸机构。

（3）带负荷作业不应改变系统的原有接线结构。如更换柱上隔离开关可以直接用绝缘分流线进行短接；更换跌落式熔断器或负荷开关、断路器等在短接回路则应有开关装置，并使其处于分闸状态，以防在短接过程中，待更换的开关设备突然动作，绝缘分流线带负荷通断电路。

（4）短接前一定要核对相位，以防短接过程中发生相间短路并发生严重拉弧。

（5）组装分流设备的导线处应清除氧化层，且线夹接触应牢固可靠。严禁使用酒精、汽油等易燃品擦拭带电体及绝缘部分，防止起火。

（6）待更换的跌落式熔断器、柱上断路器、柱上负荷开关、柱上隔离开关等应具有合格的试验报告。并在现场检查其绝缘电阻合格，安装后需进行试操作检查。

三、旁路作业的技术措施

旁路作业是采用专用设备将待检修或施工的设备进行旁路分流继续向用户供电，只在施工地段将待检修设备从电路中脱离后进行停电作业；检修完毕后将设备接入电路中，再将旁路设备撤除。

（1）采用旁路作业方式进行电缆线路不停电作业时，旁路电缆两侧的环网柜等设备均应带断路器，并预留备用间隔。负荷电流应小于旁路系统额定电流。

（2）旁路作业前，环网柜（分支箱）柜体、旁路断路器、旁路电缆屏蔽层应在两终端处引出并可靠接地，接地线的截面积不宜小于 25mm²。

（3）旁路电缆安装完毕后，应设置安全围栏和"止步、高压危险！"标示牌，防止旁路电缆受损或行人靠近旁路电缆。

（4）作业过程中，安装电缆终端时应核对相位，在投运旁路电缆之前，应通过旁路断路器带有的核相装置进行带电核相。

（5）在检修电缆敷设完成之后，应在停电状态上采用核对电缆相位色标、测电阻等方法进行核对相位，投运前使用核相器进行核相。

第三章

作业项目安全风险管控

第一节 概　　述

本节依据国家电网公司发布的《安全风险管理工作基本规范（试行）》和《生产作业风险管控工作规范（试行）》，阐述作业项目安全风险控制的职责与分工、计划编制、作业组织、现场实施、检查与改进等要求，以对作业安全风险实施超前分析和流程化控制，形成"流程规范、措施明确、责任落实、可控在控"的安全风险管控机制。

一、风险管控流程

作业项目安全风险管控流程包括风险辨识、风险评估、风险预警、风险控制、检查与改进等环节。

（一）风险辨识

风险辨识是指辨识风险的存在并确定其特性的过程。风险辨识包括静态风险辨识、动态风险辨识、作业项目风险辨识。

1. 静态风险辨识

静态风险辨识是依据国家电网公司发布的《供电企业安全风险评估规范》（简称《评估规范》）等事先拟好的检查清单对现场风险因素进行辨识并制定风险控制措施，为风险评估、风险控制提供基础数据。主要开展三个方面的工作：设备、环境的风险辨识，人员素质及管理的风险辨识，风险数据库的建立与应用。

（1）设备、环境的风险辨识：依据《评估规范》第 1、2 章，有计划、有目的地开展设备、环境、工器具、劳动防护以及物料等静态风险的辨识，找出存在的危险因素。

（2）人员素质及管理的风险辨识：依据《评估规范》第 3、5 章，可进行自查，也可由专家组或专业第三方机构对人员素质和安全生产综合管理开展周期性的辨识，查找影响安全的危险因素。

（3）采用信息化手段，建立风险数据库，对风险辨识结果实行动态维护，保证数据真实、完整，便于实际应用。

2. 动态风险辨识

动态风险辨识是对照作业安全风险辨识范本过程中的风险因素进行辨识，并制定风险控制措施。作业安全风险辨识范本参照国家电网有限公司发布的《供电企业作业风险辨识防范手册》编制，是以标准化作业流程为依据，指导作业人员辨识作业过程中的风险，并明确其典型控制措施的参考规范。

3. 作业项目风险辨识

作业项目风险辨识是采用三维辨识法对整个项目所包含的风险因素进行辨识，并制定风险控制措施。三维辨识法是指通过对照作业安全风险辨识范本辨识作业过程中的动态风险、查看作业安全风险库辨识作业过程中的静态风险、现场勘察确认风险的一种方法。

作业安全风险库是由作业安全风险事件组成，风险事件由对现场各类风险进行辨识、评估所得。

（二）风险评估

风险评估是指对事故发生的可能性和后果进行分析与评估，并给出风险等级的过程。

静态风险评估一般采用 LEC 法，动态风险评估一般采用 PR 法。风险等级分为一般、较大、重大三级。

作业项目风险评估依据企业制定的作业项目风险评估标准进行评估，风险等级一般分为 1~8 级。

1. LEC 法

LEC 法是根据风险发生的可能性、暴露在生产环境下的频度、导致后果的严重性，针对静态风险所采取的一种风险评估方法。即：

$$D=LEC$$

式中：

D——风险值；

L——发生事故的可能性大小。事故发生的可能性大小，当用概率来表示时，绝对不可能发生的事故概率为 0；而必然发生的事故概率为 1。然而，从系统安全角度考察，绝对不发生事故是不可能的，所以人为地将发生事故的可能性极小的分数定为 0.1，而必然发生的事故分数定为 10，各种情况下事故发生的可能性分数值如表 3-1 所示。

表 3-1　　　　　　　　事故发生的可能性（L）

事故发生的可能性（发生的概率）	分数值
完全可能预料（100%可能）	10
相当可能（50%可能）	6
可能，但不经常（25%可能）	3
可能性小，完全意外（10%可能）	1
很不可能，可以设想（1%可能）	0.5
极不可能（小于1%可能）	0.1

E——暴露于危险的频繁程度。人员出现在危险环境中的次数越多，则危险性越大。规定连续出现在危险环境的情况定为 10，而非常罕见地出现在危险环境中定为 0.5，介于两者之间的各种情况规定若干个中间值，如表 3-2 所示。

表 3-2　　　　　　　　暴露于危险环境频度（E）

暴露频度	分数值
持续：每天多次	10
频繁：每天一次	6
有时：每天一次～每月一次	3
较少：每月一次～每年一次	2
很少：50年一遇	1
特少：100年一遇	0.5

C——发生事故的严重性。事故所造成的人身伤害或电网损失的变化范围很大，所以规定分数值为 1～100，把造成仅需要救护的伤害及设备或电网异常运行的分数定为 1，把造成重大及以上人身、设备、电网事故的分数定为 100，其他情况的数值定为 1～100 之间，如表 3-3 所示。

表 3-3　　　　　　　　　　发生事故的严重性（C）

分数值	后果	
	人身	电网设备
100	可能造成特大人身死亡事故者	可能造成特大设备事故者；可能引起特大电网事故者
40	可能造成重大人身死亡事故者	可能造成重大设备事故者；可能引起重大电网事故者
15	可能造成一般人身死亡事故或多人重伤者	可能造成一般设备事故者；可能引起一般电网事故者
7	可能造成人员重伤事故或多人轻伤事故者	可能造成设备一类障碍者；可能造成电网一类障碍者
3	可能造成人员轻伤事故者	可能造成设备二类障碍者；可能造成电网二类障碍者
1	仅需要救护的伤害	可能造成设备或电网异常运行

风险值 D 计算出后，关键是如何确定风险级别的界限值。这个界限值并不是长期固定不变，在不同时期，电网企业应根据其具体情况来确定风险级别的界限值。表 3-4 内容作为确定风险程度的风险值界限的参考标准。

表 3-4　　　　　　风险程度与风险值的对应关系

风险程度	风险值
重大风险	$D \geqslant 160$
较大风险	$70 \leqslant D < 160$
一般风险	$D < 70$

2. PR 法

PR 法是根据风险发生的可能性、导致后果的严重性，针对动态风险所采取的一种风险评估方法。

P 值代表事故发生的可能性（possible），即在风险已经存在的前提下，发生事故的可能性。按照事故的发生率将 P 值分为四个等级，如表 3-5 所示。

表 3-5　　　　　　可能性定性定量评估标准表（P）

级别	可能性	含义
4	几乎肯定发生	事故非常可能发生，发生概率在 50%以上
3	很可能发生	事故很可能发生，发生概率在 10%~50%
2	可能发生	事故可能发生，发生概率在 1%~10%
1	发生可能性很小	事故仅在例外情况下发生，发生概率在 1%以下

R 值代表后果严重性（result），即在此风险导致事故发生之后，造成对人身、电网或者设备的危害程度。根据《国家电网公司安全事故调查规程》的分类，将 R 值分为特大、重大、一般、轻微四个级别，如表 3-6 所示。

表 3-6　　　　　　　严重性定性定量评估标准表（R）

级别	后果	严重性	
		人身	电网设备
4	特大	可能造成重大及以上人身死亡事故者	可能造成重大及以上设备事故者；可能引起重大及以上电网事故者
3	重大	可能造成一般人身死亡事故或多人重伤者	可能造成一般设备事故者；可能引起一般电网事故者
2	一般	可能造成人员重伤事故或多人轻伤事故者	可能造成设备一、二类障碍者；可能造成电网一、二类障碍者
1	轻微	仅需要救护的伤害	可能造成设备或电网异常运行

将表 3-5 和表 3-6 中的可能性和严重性结合起来，就得到重大、较大、一般表示的风险水平描述，如图 3-1 所示。

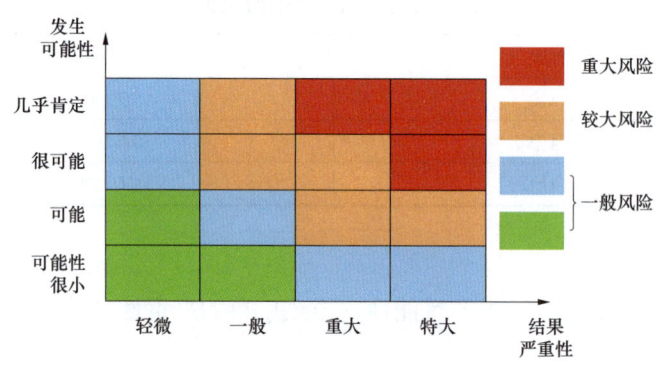

图 3-1　PR 法风险坐标图

3. 作业项目风险评估

作业项目风险评估指针对某一类作业项目，综合考虑其技术难度、对电网的影响程度、发生事故的可能性和后果等因素，在对项目风险进行风险辨识后，依据作业项目风险评估标准划定作业项目的整体风险等级。

（三）风险预警

风险预警是指对可能发生人身伤害事故和由人员责任导致的电网和设备事故的作业安全风险，实行安全预警。

风险预警实行分类、分级管理，形成以单位、专业室（中心）、班组为主体的风险预警管理体系。

较大及以上等级的检修、倒闸操作作业项目风险应形成作业风险预警通知单，在经过审核、批准后，由项目主管职能部门发布。

专业室（中心）接到风险预警后，细化预控措施，并布置落实。同时，专业室（中心）负责将落实情况反馈至主管职能部门。

（四）风险控制

风险控制是指采取预防或控制措施将风险降低到可接受的程度。

静态风险采用消除、隔离、防护、减弱等控制方法。

动态风险利用安全风险控制措施卡、标准化作业指导书、工作票、操作票等安全组织、技术措施及安全措施进行现场风险控制。

（五）检查与改进

风险管控实施动态闭环过程管理，实现作业风险管控持续改进。

二、职责与分工

按照管理职责和工作特点，不同管理层次负责控制不同程度和类型的安全风险，逐级落实安全责任。

（一）省公司级单位

省公司分管副总经理全面部署公司系统作业项目安全风险控制工作，定期检查、指导风险控制工作开展。

安监部是省公司作业项目安全风险管控归口管理部门，牵头制定省公司作业项目安全风险辨识评估与控制管理制度；监督、指导公司系统开展作业项目安全风险控制工作。

相关部门按照"谁主管、谁负责"的原则，负责指导专业范围内的变电运维、变电检修、输电检修、配电检修和电网调度专业的作业安全风险辨识评估与控制相关工作；协调安全风险控制现场出现的安全、技术问题。

（二）地市公司级单位

地市公司分管领导批准重大风险作业项目的风险评估结果，落实解决资金来源，及时协调风险控制过程中出现的问题。

安监部是公司作业项目安全风险管控归口管理部门，制定本单位作业项目安全风险辨识评估与控制管理制度；监督、指导作业项目安全风险辨识评估与控制工作；审核较大及以上作业项目的风险评估结果；监督风险预警控制措施落实。

调控中心分析电网运行方式和系统稳定，明确电网运行方式存在的风险和电网风险控制措施等内容；监督、指导运维检修、营销和相关部门落实电网风险预控措施。

运检部门组织召开检修计划协调会，审查计划必要性、可行性和合理性；策划、落实检修、倒闸操作作业项目安全风险辨识评估与控制工作，审核较大及以上作业项目的风险评估结果；监督检查电网风险和检修、倒闸操作作业风险控制措施落实情况；协调现场风险控制过程中出现的问题。

基建部门审核较大及以上风险相关专业作业项目的风险评估结果，协调风险控制过程中出现的问题。

营销部门（客服中心）落实电网风险相关控制措施，协调风险控制过程中出现的问题，并将控制措施落实情况反馈给调控中心。

专业室（中心）开展作业项目安全风险辨识评估工作，审核一般及以上风险作业项目的风险评估结果；开展班组安全承载能力分析，组织实施作业项目安全风险控制，重点控制现场人身伤害、设备损坏、电网故障等风险，并反馈控制措施落实情况；负责年度、季度、月度、周检修计划的编制、检修任务的安排、现场勘察的组织、风险预警措施的落实。

（三）县公司级单位

县公司分管领导组织落实本企业作业项目安全风险评估与控制工作，及时协调风险控制过程中出现的问题。

相关责任部门监督、指导作业项目安全风险辨识评估与控制工作；组织开展作业项目安全风险辨识评估工作，审核一般及以上风险作业项目的风险评估结果；监督风险预警控制措施落实。

专业室（中心）开展作业项目安全风险辨识评估工作；开展班组安全承载能力分析，组织实施作业项目安全风险控制，重点控制现场人身伤害、设备损坏、电网故障等风险，并反馈控制措施落实情况；负责年度、季度、月度、周检修计划的编制、检修任务的安排、现场勘察的组织、风险预警措施的落实。

（四）班组及相关人员

生产班组负责生产作业风险控制的执行，做好人员安排、任务分配、资源配置、安全交底、工作组织等风险管控。

工作票签发人、工作负责人、工作许可人、值班负责人、操作监护人等是生产作业风险管控现场安全和技术措施的把关人，负责风险管控措施的落实和监督。

作业人员是生产作业风险控制措施的现场执行人，应明确现场作业风险点，熟悉和掌握风险管控措施，避免人身伤害和人员责任事故的发生。

到岗到位人员负责监督检查方案、预案、措施的落实和执行，协调和指导生产作业风险管理的改进和提升。

三、作业组织与实施风险管控

地市公司级单位作业风险管控流程如图 3-2 所示。

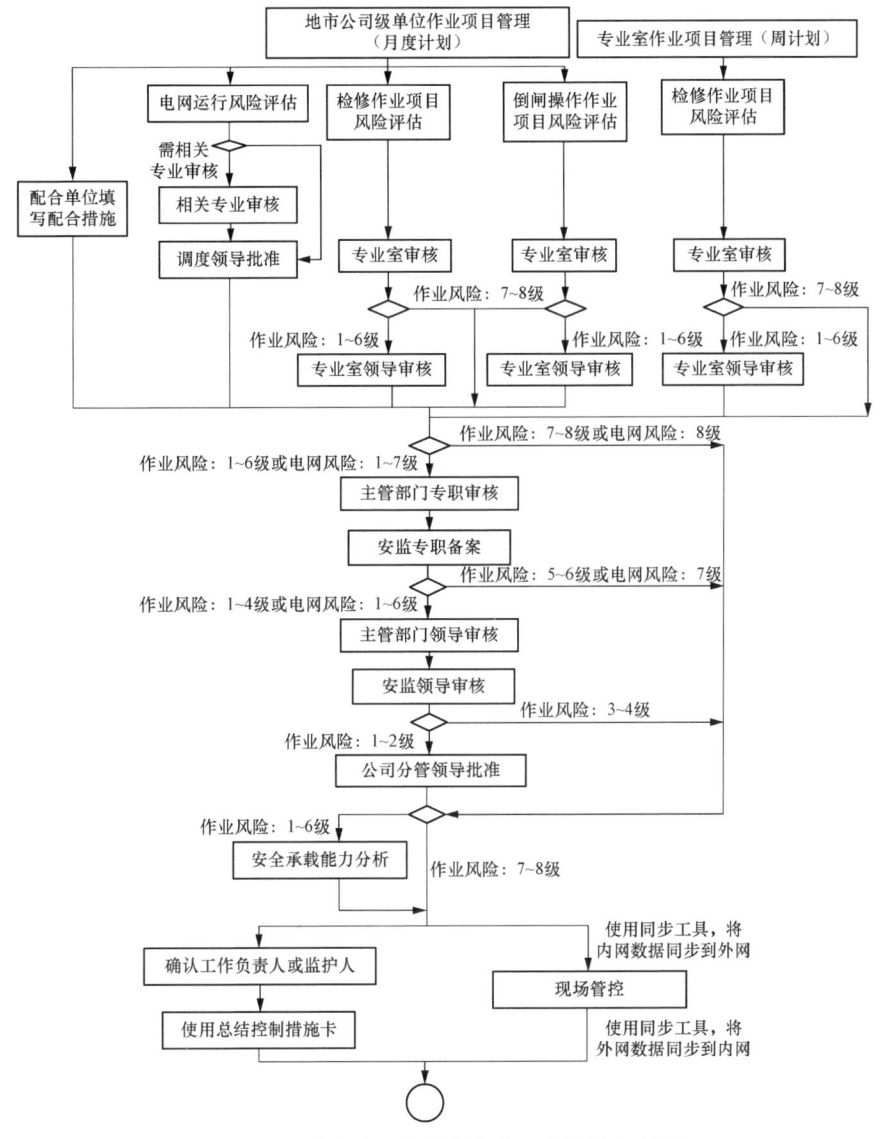

图 3-2 地市公司级单位作业风险管控流程图

（一）作业组织控制措施与要求

作业组织主要风险包括：任务安排不合理、人员安排不合适、组织协调不力、资源配置不符合要求、方案措施不全面、安全教育不充分等。

风险管控主要措施与要求如下：

（1）任务安排要严格执行落实月、周工作计划，系统考虑人、材、物的合理调配，综合分析时间与进度、质量、安全的关系，合理布置日工作任务，保证工作顺利完成。

（2）人员安排要开展班组承载力分析，合理安排作业力量。工作负责人胜任工作任务，作业人员技能符合工作需要，管理人员到岗到位。

（3）组织协调停电手续办理，落实动态风险预警措施，做好外协单位或需要其他配合单位的联系工作。

（4）资源调配满足现场工作需要，提供必要的设备材料、备品备件、车辆、机械、作业机具以及安全工器具等。

（5）开展现场勘察，填写现场勘察单，明确需要停电的范围、保留的带电部位、作业现场的条件、环境及其他作业风险。

（6）方案制定科学严谨。根据现场勘察情况组织制定施工"三措"（即组织措施、技术措施、安全措施）、作业指导书，有针对性和可操作性。危险性、复杂性和困难程度较大的作业项目工作方案，应经本单位批准后结合现场实际执行。

（7）组织方案交底。组织工作负责人等关键岗位人员、作业人员（含外协人员）、相关管理人员进行交底，明确工作任务、作业范围、安全措施、技术措施、组织措施、作业风险及管控措施。

（二）作业安全风险库的建立与维护

生产班组负责根据《评估规范》，查找管辖范围内的危险因素，明确风险所在的地点和部位，对风险等级进行初评，形成风险事件并上报专业室（中心）。

专业室（中心）负责对生产班组上报的风险事件进行审核、复评。

一般、较大风险事件，由专业室（中心）在作业安全风险库中发布。

重大风险事件，由专业室（中心）上报单位相关职能部门和安监部门，相关职能部门会同安监部门对重大风险审核确认后在作业安全风险库中发布。

作业安全风险库应及时导入日常安全生产和管理（如日常检查、专项检查、隐患排查、安全性评价等）中新发现的风险。职能部门每年组织专家，依据《评估规范》进行专项风险辨识，补充、完善作业安全风险库中相关风险事件。对风险事件的新增、消除和风险等级的变更等维护工作仍遵循逐级审核、发布的原则。

作业安全风险库（模板）如表 3-7 所示。

表 3-7　　　　　　　　　　作业安全风险库（模板）

序号	地点	部位	风险描述	作业类别	伤害方式	可能性	频度	严重性	风险值	风险等级	控制措施	填报单位	发布时间

作业安全风险库包括地点、部位、风险描述、作业类别、伤害方式、风险度、控制措施和填报单位和发布时间等内容，其含义如下：

（1）地点是指风险所在的变电站、高压室、配电站或线路。

（2）部位是指风险所在的间隔、设备或线段。

（3）风险描述是指风险可能导致事故的描述。

（4）作业类别包括变电运行、变电检修、输电运检、电网调度、配网运检五种。一个风险可对应多个作业类别。

（5）伤害方式一般包括触电、高处坠落、物体打击、机械伤害、误操作、交通事故、火灾、中毒、灼伤、动物伤害十种。一个风险可对应多个伤害方式。

（6）风险值一般采用 LEC 法分析所得。

（7）控制措施是根据风险特点和专业管理实际所制定的技术措施或组织措施。

（8）填报单位是上报并跟踪管理的单位或部门。

（9）发布时间是经审核批准后公开发布该风险的时间。

（三）作业项目风险等级评估

作业项目风险等级评估指针对某一类作业项目，综合考虑其技术难度、对电网的影响程度、发生事故的可能性和后果等因素，在对项目风险进行风险辨识后，依据作业项目风险评估标准划定作业项目的整体风险等级。

地市公司运检部门负责根据月度计划创建作业项目并下达到调控中心、配合单位和检修、运行专业室（中心）。作业项目的创建原则：一般以单条月度工作计划为一个作业项目；对于关联度较高的几条月度工作计划，可以合并成一个作业项目。

地市公司月度计划（周计划）均需进行电网风险评估。电网风险 8 级（1～29 分），由调控中心领导审核；电网风险 7 级（30～39 分），由主管部门专责审核；电网风险 1～6 级（40～100 分），由主管部门领导审核、公司领导批准。作业项目风险 7～8 级（1～39 分），专业室（中心）专责审核后直接执行；作业项目风险 5～6 级（40～59 分），主管部门专责审核后执行；作业项目风险 3～4 级（60～79 分），主管部门领导审核后执行；作业项目风险 1～2 级（80～100 分），公司领导批准后执行。

专业室（中心）内部计划无需进行电网风险评估。作业项目风险 7～8 级（1～39 分），专业室（中心）专责审核后直接执行；作业项目风险 5～6 级（40～59 分），主管部门专责审核后执行；作业项目风险 3～4 级（60～79 分），主管部门领导审核后执行；作业项目风险 1～2 级（80～100 分），公司领导批准后执行。

县级公司周计划均需进行电网风险评估。电网风险 8 级（1～29 分），由供电所领导审核；电网风险 1～7 级（30～100 分），由主管部门领导审核、公司领导批准。作业项目风险 7～8 级（1～39 分），供电所领导审核后直接执行；作业项目风险 5～6 级（40～59 分），主管部门专责审核后执行；作业项目风险 3～4 级（60～79 分），主管部门领导审核后执行；作业项目风险 1～2 级（80～100 分），公司领导批准后执行。

（四）现场实施主要风险及控制措施与要求

现场实施主要风险包括电气误操作、触电、高处坠落、机械伤害等。

现场实施风险控制主要措施与要求如下：

（1）作业人员作业前经过交底并掌握方案。

（2）危险性、复杂性和困难程度较大的作业项目，作业前必须开展现场勘察，填写现场勘察单，明确工作内容、工作条件和注意事项。

（3）严格执行操作票制度。解锁操作应严格履行审批手续，并实行专人监护。接地线编号与操作票、工作票一致。

（4）工作许可人应根据工作票的要求在工作地点或带电设备四周设置遮栏（围栏），将停电设备与带电设备隔开，并悬挂安全警示标示牌。

（5）严格执行工作票制度，正确使用工作票、动火工作票、二次安全措施票和事故应急抢修单。

（6）组织召开开工会，交代工作内容、人员分工、带电部位和现场安全措施，告知危险点及防控措施。

（7）安全工器具、作业机具、施工机械检测合格，特种作业人员及特种设备操作人员持证上岗。

（8）对多专业配合的工作要明确总工作协调人，负责多班组各专业工作协调；复杂作业、交叉作业、危险地段、有触电危险等风险较大的工作要设立专责监护人员。

（9）操作接地是指改变电气设备状态的接地，由操作人员负责实施，严禁检修工作人员擅自移动或拆除。工作接地是指在操作接地实施后，在停电范围内的工作地点，对可能来电（含感应电）的设备端进行的保护性接地，由检修人员负责实施，并登录在工作票上。

（10）严格执行安全规程及现场安全监督，不走错间隔，不误登杆塔，不擅自扩大工作范围。

（11）全部工作完毕后，拆除临时接地线、个人保安接地线，恢复工作许可前设备状态。

（12）根据具体工作任务和风险度高低，相关生产现场领导和管理人员到岗到位。

（五）安全承载能力分析

作业项目负责人根据经审核、批准的作业项目风险评估结果开展班组安全承载能力分析。若安全承载能力无法满足作业项目风险等级，则及时调整人员安排和装备配置，直到安全承载能力与作业项目风险等级相匹配。

班组安全承载能力分析内容包括：班组成员的技能等级、工作经验、安全积分，以及班组生产装备和安全工器具的匹配程度。

技能等级依据个人所取得的员工安全技术等级确定，可与人员安全信息库中的数据进行匹配后自动生成。工作经验的分值由各单位依据员工实际情况定期发文公布，可与人员安全信息库中的数据进行匹配后自动生成。安全积分依据个人安全积分情况确定，可与人员安全信息库中的数据进行匹配后自动生成。

生产装备和安全工器具的匹配程度，则需要评估人员按照实际情况进行评估。

作业项目风险等级与安全承载能力分析评估得分的要求：1 级风险作业的评估得分必须大于 90 分；2 级风险作业的评估得分必须大于 85 分；3 级风险作业的评估得分必须大于 80 分；4 级风险作业的评估得分必须大于 75 分；5 级风险作业的评估得分必须大于 70 分；6 级风险作业的评估得分必须大于 65 分；7、8 级风险作业的评估得分必须大于 60 分。

（六）作业安全风险控制措施卡的使用

1. 作业安全风险控制措施卡（简称控制措施卡）的一般要求

（1）在开展现场作业前，由工作负责人查看作业项目风险评估结果并打印控制措施卡，必要时可补充、完善控制措施卡中的安全风险和控制措施。

（2）依据控制措施卡对现场作业存在的风险进行控制。控制措施卡在使用过程中遇到现场风险因素变更时，工作负责人（或值长）应将变更的危险因素填入控制措施卡并制定、落实控制措施，必要时报请单位及相关职能部门批准后执行。

（3）及时总结控制措施卡执行情况。

2. 配电检修作业项目中控制措施卡的使用要求

（1）控制措施卡的执行人由工作负责人担任。

（2）控制措施卡可作为工作安全交底内容使用。

（3）作业项目实施过程中，工作负责人负责监督控制措施卡中控制措施的落实并逐项确认、随时判断控制措施卡中的风险是否变更并及时调整。

（4）作业结束后，执行人应在班后会中与工作班成员共同总结控制措施卡的执行情况。

（七）应急处置

针对现场具体作业项目编制风险失控现场处置方案。组织作业人员学习并掌握现场处置方案。现场工作人员应定期接受培训，学会紧急救护法，会正确解脱电源，会心肺复苏法，会转移搬运伤员等。

第二节　作业安全风险辨识与控制

一、公共部分

配电带电作业安全风险辨识内容（公共部分）如表 3–8 所示。

表 3-8　　　　配电带电作业安全风险辨识内容（公共部分）

序号	辨识项目	辨识内容	控制措施
1	人员管理		
1.1	培训	作业人员技能和管理水平低下	应经专门培训取得作业项目相应的资格证书
1.2	上岗资格认证	1）作业人员无上岗资格证	应经实习和获得单位批准取得作业项目的上岗资格
		2）带电作业工作票签发人和工作负责人、专责监护人无相应资质，缺乏实践经验	工作负责人和工作票签发人应由具有 3 年及以上的实践经验，并经单位批准公布
2	工器具管理		
2.1	绝缘工器具库房管理	管理绝缘工器具保管不当，机电性能降低	1）库房湿度不超过 60%；室内外温度差不超过 5℃（或硬质绝缘工具、软质绝缘工具、检测工具、屏蔽用具的存放区，温度宜控制在 50～40℃内；配电带电作业用绝缘遮蔽用具、绝缘防护用具的存放区的温度，宜控制在 10～21℃之间）； 2）绝缘工器具放置高度距地面应高于 20cm； 3）及时处理绝缘性能受损的绝缘工器具； 4）应按照预防性试验周期进行试验，并满足试验要求； 5）库房不得存放酸、碱、油类和化学药品等污染绝缘工器具
2.2	绝缘工器具运输管理	管理绝缘工器具保管不当，机电性能降低	绝缘工器具应放置在干燥的专用的箱、袋内，不得与金属工器具、材料混放
2.3	绝缘工器具现场	1）绝缘工器具保管不当，机电性能降低	1）绝缘工器具不得与金属工器具、材料混放； 2）绝缘工器具应放置在防潮垫上
		2）不能及时发现绝缘工器具的绝缘和操作缺陷	1）作业前，应用干燥清洁的毛巾逐件擦拭绝缘工器具，并作外观检查； 2）用 2500V 及以上的绝缘电阻检测仪和标准电极分段检测绝缘工具（绝缘操作杆、绝缘绳）的绝缘电阻不小于 700MΩ； 3）在湿度大于 80%的情况下，绝缘工器具户外暴露时间超过 4h 的，应使用移动库房进行管理
		3）新工具未经验证投入使用	研制的新工具，应经验证和经本单位批准后，方可投入使用
2.4	绝缘斗臂车库房管理	绝缘斗臂车保管、保养不善，机电性能、操作性能降低	1）库房应规范配置除湿、烘干装置； 2）应按照预防性试验周期进行试验，并进行日常检查
3			
3.1	作业计划	计划管理混乱，任务来源不明确	1）配电带电作业计划应纳入市、县公司月度生产计划、周生产计划统一管理，并发文下达； 2）无法纳入计划管理的临时性作业或抢修，应有工作任务单或联系函等书面管理依据； 3）作业项目应经试验、论证、验收和经本单位批准

续表

序号	辨识项目	辨识内容	控制措施
3.2	现场勘察	未组织现场勘察或现场勘察记录缺乏对工作的指导作用	1）带电作业工作应组织现场勘察； 2）现场勘察人员应是工作票签发人或工作负责人； 3）勘察要素应明确，记录完整，勘察内容具有针对性（包含同杆塔架设线路及其方位和电气间距、作业现场条件和环境及其他影响作业的因素）； 4）现场停放绝缘斗臂车的道路坡度不超过7°，地面坚实，并便于设置绝缘斗臂车接地的位置，绝缘斗臂车拟停放的位置满足绝缘斗臂车作业范围
3.3	工作票签发	1）工作不具备必要性、安全性的情况下签发工作	工作票签发人应根据现场勘察情况，结合工作的重要程度，对工作的安全性和必要性负责
		2）工作班成员配置不合理	1）工作负责人和工作票签发人不得兼任； 2）工作班成员的数量配置应充分。绝缘杆作业法常规作业项目一般最少不得少于4人（工作负责人1名，杆上电工2名，地面电工1名）；绝缘手套作业法常规项目最少不得少于3人（工作负责人1名，斗内电工1名，地面电工1名）； 3）作业人员的资质应满足要求，作业项目应经培训考试合格，并经单位批准
		3）工作票信息不完整或错误	1）工作票中的工作条件除注明采用的带电作业方法外，还应注明运维人员应采取的安全措施，如作业点负荷侧需要停电的线路、设备和应装设的安全遮栏（围栏）、悬挂的标示牌等； 2）工作票中的安全注意事项应具有针对性
		4）没有编制相应的施工方案或现场标准化作业指导书	每项配电带电作业均应编制使用标准化作业指导书，架空线路四类作业、电缆不停电二类和三类作业项目应编制应用详细的实施方案
3.4	现场复勘	1）工作地点错误	到达现场应核对线路名称或设备的双重命名
		2）装置条件与前期勘察结果不符，不满足作业条件	到达现场应与运维人员一起确认安全措施已经落实，并检查作业装置、杆根、杆身等情况
		3）气象条件不满足作业要求	应在良好的天气下进行作业，到达现场应实测湿度不超过80%，风速不超过5级
		4）作业环境与前期勘察结果不符，不满足停放绝缘斗臂车，工器具现场管理等要求	到达现场应检查作业环境，正确布置工作现场，及时补充和落实安全措施
3.5	工作许可	过电压伤害	1）现场工作前，工作负责人应与值班调控人员或运维人员联系； 2）需要停用重合闸的作业和带电作业断、接引线工作应与值班调控人员履行许可手续； 3）禁止约时停用线路重合闸装置
3.6	现场站班会	分工不明确，安全措施不能落实到位	1）分工、责任明确； 2）责任人能力与分工应相匹配，责任人精神状态饱满； 3）工作班成员应穿棉质工作服，正确配戴安全帽，脚穿绝缘鞋；杆上（斗内）电工禁止佩戴项链和携带移动电话

续表

序号	辨识项目	辨识内容	控制措施
3.7	作业现场布置	1）无关人员进入工作区域，受到高处落物打击	1）设置围栏，围栏设置满足高处坠落半径； 2）现场警示标识或标识齐全明显
		2）绝缘斗臂车倾覆，高处坠落	1）绝缘斗臂车水平支腿尽量伸出； 2）支腿设置坚实路面，软土地面应使用枕木或垫板； 3）整车离地，整车水平度不大于3°
		3）绝缘斗臂车电气、机械、液压系统缺陷，作业中失去控制	绝缘斗臂车应在下部操作台进行充分的试操作，试操作时应空斗进行
		4）感应电触电	绝缘斗臂车整车接地，接地线不小于16mm²，接地棒埋设深度不小于0.6m
3.8	杆上作业	1）没有正确使用个人防护用具，作业中发生触电	1）绝缘杆作业法，杆上电工应戴绝缘手套、绝缘披肩；绝缘手套作业法，斗内电工应穿绝缘服或绝缘披肩、绝缘袖套，戴绝缘手套和绝缘安全帽、穿绝缘靴等； 2）作业中，禁止摘下或脱下个人绝缘防护用具； 3）作业中有断、接引线环节的工作，斗内（杆上）电工应戴护目镜
		2）安全距离、绝缘工具有效绝缘长度不满足要求或绝缘遮蔽措施不到位，导致触电	1）作业时相对地安全距离不小于0.4m，相间不小于0.6m，不满足要求的情况下应设置绝缘遮蔽措施； 2）按照"从下到上，由近及远、先大后小"的原则设置绝缘遮蔽措施； 3）绝缘遮蔽范围为人体活动范围加上0.4m内可以触及的异电位物体，绝缘或绝缘遮蔽措施应严密牢固，绝缘遮蔽组合之间的重叠长度不小于15cm； 4）作业中有主绝缘保护作用的绝缘杆及绝缘绳索有效绝缘长度不满足要求（标准值：绝缘杆不小于0.7m；承力工具不小于0.4m）； 5）作业中，绝缘斗臂车伸缩式绝缘臂有效绝缘长度不小于1.0m，金属臂与带电导体间距离不小于0.9m
		3）高处坠落	1）作业中应全过程使用安全带。绝缘手套作业法应使用绝缘安全带；绝缘杆作业法杆上作业电工应正确使用安全带和后备保护绳，不得在换位中失去安全带的保护； 2）绝缘斗臂车工作斗、绝缘平台、脚扣、升降板等不得超载使用； 3）绝缘斗臂车工作斗内不得放置垫板（块），防止垫块滑动致使斗内电工站立不稳，从斗内跌出
		4）高处落物、重物打击	1）工器具、材料应使用吊绳上下传递； 2）吊绳绑扎物件的绳扣、绑扎部位等应选择正确，绑扎牢固； 3）地面工作人员（工作负责人、专责监护人和地面电工）不得站在绝缘斗臂车的绝缘臂和绝缘斗下方
		5）监护不到位	1）监护人监护的范围不得超过一个作业点，不得直接参与作业； 2）杆上作业人员应在监护人的监护下进行换相工作转移

续表

序号	辨识项目	辨识内容	控制措施
3.8	杆上作业	6）其他	1）在带电作业区域，绝缘斗臂车工作斗移动速度过快，工作斗外沿速度不大于0.5m/s； 2）绝缘斗臂车工作斗内工器具金属部件不得超出工作斗沿面
3.9	工作间断、转移	1）作业中，线路突然停电	1）应视线路仍然带电，杆上（斗内）作业人员撤除带电作业区域； 2）工作负责人应尽快与调度控制中心或设备运维管理单位联系；值班调控人员或运维人员未与工作负责人取得联系前不得强送电
		2）作业中，相关设备发生故障	工作负责人发现或获知相关设备发生故障，应立即停止作业，撤离人员，并立即与值班调控人员或运维人员取得联系
		3）作业中，与作业线路有联系的馈线进行倒闸操作	工作负责人由值班调控人员或运维人员告知倒闸操作任务时，应立即停止作业，撤离带电作业区域
		4）工作班人员变化	1）高温或工作时间较长，杆上（斗内）、杆下作业人员应交替工作，在工作间断恢复工作前，应重新进行安全技术交底并确认； 2）由于特殊原因，工作负责人、专责监护人发生变动，应执行工作间断制度，重新进行安全技术交底并确认
		5）天气突然变化	停止作业
3.10	工作终结	杆塔、现场有影响线路、设备安全运行的遗留物	1）撤除绝缘遮蔽措施前，应检查杆塔、导线、绝缘子及其他辅助设备上无遗留物； 2）撤离工作现场前，应清扫整理，不应留有影响交通的遗留物

二、专业部分

（一）配网不停电作业第一类项目

配网不停电作业第一类项目主要有邻近带电体作业和简单绝缘杆作业法项目，共4个项目。临近带电体作业项目包括装或拆接触设备套管等；简单绝缘杆作业法项目包括更换避雷器，断、接熔断器上引线、分支线路引线、耐张杆引流线。

配网不停电作业第一类项目作业安全风险辨识内容及典型控制措施如表3-9所示。

表 3-9 配网不停电作业第一类项目作业安全风险辨识内容及典型控制措施

序号	辨识项目	辨识内容	控制措施
1	普通消缺及装拆附件(包括修剪树枝；装或拆接触设备套管等)	1）高处落物	应对被修剪的树枝作有效控制，避免砸落时压住导线和斗内作业人员、车辆
		2）动作幅度大，引发短路事故	在拆除风筝等异物以及修剪树枝时控制动作幅度
2	绝缘杆作业法带电更换避雷器	1）装置不符合作业条件，接触电压触电	登杆前，应检查避雷器外观及接地引下线和接地体的情况： 1）避雷器损坏、有明显接地现象，禁止作业； 2）避雷器接地引下线缺失情况下，禁止作业； 3）接地体不良的情况下，应加强接地措施后才能登杆作业
		2）作业空间狭小，引发短路事故	1）有效控制避雷器引线； 2）做好避雷器相间的绝缘遮蔽隔离措施； 3）断避雷器每相引线的顺序：先干线处，再避雷器接线柱；接与断时相反
3	绝缘杆作业法带电断引流线(包括熔断器上引线、分支线路引线、耐张杆引流线)	1）装置不符合作业条件，带负荷或空载电流大于0.1A断引线	断熔断器上引线： 　工作当日到达现场进行复勘时，工作负责人应与运维单位人员共同检查并确认跌落式熔断器已拉开，熔管已取下。 断分支线路引线或耐张杆引流线： 1）工作当日到达现场进行复勘时，工作负责人应与运维单位人员共同检查并确认引线负荷侧开关已断开，电压互感器、变压器等已退出； 2）杆上作业电工进入带电作业区域后，应用高压钳形电流表测量支接线路电流不大于0.1A
		2）感应电触电	应将已断开相导线视作带电体，控制作业幅度保持足够距离
		3）作业空间狭小，引发接地短路	1）有效控制引线； 2）断三相引线的顺序应为"先两边相，再中间相"。 3）断每相引线的顺序应为：先干线处，再跌落式熔断器静触头处
		4）高处落物	剪断的引线应有效控制，防止高处落物
4	绝缘杆作业法带电接引流线(包括熔断器上引线、分支线路引线、耐张杆引流线)	1）装置不符合作业条件，带负荷或空载电流大于0.1A接引线	接熔断器上引线： 　工作当日到达现场进行复勘时，工作负责人应与运维单位人员共同检查并确认跌落式熔断器已拉开，熔管已取下。 接分支线路引线或耐张杆引流线： 1）工作票签发人应根据现场勘察数据估算空载电流不大于0.1A； 2）工作当日到达现场进行复勘时，工作负责人应与运维单位人员共同检查并确认引线负荷侧开关已断开，电压互感器、变压器等已退出
		2）感应电触电	应将未接通相导线视作带电体，控制作业幅度保持足够距离
		3）作业空间狭小，引发接地短路	1）有效控制引线； 2）接三相引线的顺序应为"先中间相，再两边相"。 3）先将三相引线安装到跌落式熔断器上接线柱处，再逐相将引线搭接到干线上
		4）高处落物	1）安装引线时，防止螺母垫片等掉落； 2）传送线夹时应牢固稳定

（二）配网不停电作业第二类项目

配网不停电作业第二类项目主要有简单绝缘手套作业法项目，共 10 个项目，包括断接引线、更换直线杆绝缘子及横担、不带负荷更换柱上开关设备等。

配网不停电作业第二类项目作业安全风险辨识内容及典型控制措施如表 3-10 所示。

表 3-10　　配网不停电作业第二类项目作业安全风险辨识内容及典型控制措施

序号	辨识项目	辨识内容	控制措施
1	绝缘手套作业法普通消缺及装拆附件（包括清除异物；加装接地环；加装或拆除接触设备套管等）	1）重合闸过电压	1）应停用作业线路变电站内开关的自动重合闸装置； 2）馈线自动化配电网络，应停用作业点来电侧分段器的自动合闸功能
		2）高处落物	应对被修剪的树枝作有效控制，避免砸落时压住导线和斗内作业人员、车辆
		3）动作幅度大，引发短路事故	在拆除风筝等异物以及修剪树枝时控制动作幅度
2	绝缘手套作业法带电辅助加装或拆除绝缘遮蔽	1）重合闸过电压	1）应停用作业线路变电站内开关的自动重合闸装置； 2）馈线自动化配电网络，应停用作业点来电侧分段器的自动合闸功能
		2）高处落物	应对遮蔽用具作有效控制及固定，避免掉落
		3）动作幅度大，引发短路事故	在装或拆除绝缘遮蔽时控制动作幅度
3	绝缘手套作业法带电更换避雷器	1）重合闸过电压	1）应停用作业线路变电站内开关的自动重合闸装置； 2）馈线自动化配电网络，应停用作业点来电侧分段器的自动合闸功能
		2）装置不符合作业条件	工作当日到达现场进行复勘时，工作负责人应检查避雷器外观及接地引下线和接地体的情况： 1）避雷器损坏、有明显接地现象，禁止作业； 2）避雷器接地引下线缺失情况下，禁止作业； 3）接地体不良的情况下，应加强接地措施后才能进入绝缘斗臂车工作斗升空作业
		3）泄漏电流伤人	1）在进入带电作业区域后，对避雷器横担、电杆等部位进行验电； 2）在拆除避雷器引线前，应用钳形电流表测量避雷器泄漏电流不大于 0.1A； 3）在拆除、搭接避雷器引线时，应使用绝缘操作杆
		4）作业空间狭小，人体串入电路，触电	1）有效控制引线； 2）宜依次将三相避雷器引线从干线（或设备引线）处解除后，一起更换，然后逐相搭接避雷器引线； 3）断避雷器引线宜按"先两边相，再中间相"或"从近到远"的顺序进行，恢复时相反

续表

序号	辨识项目	辨识内容	控制措施
4	绝缘手套作业法带电断引流线（包括熔断器上引线、分支线路引线、耐张杆引流线）	1）重合闸过电压	1）应停用作业线路变电站内开关的自动重合闸装置； 2）馈线自动化配电网络，应停用作业点来电侧分段器的自动合闸功能
		2）装置不符合作业条件，带负荷或空载电流大于0.1A断引线	断熔断器上引线： 工作当日到达现场进行复勘时，工作负责人应与运维单位人员共同检查并确认跌落熔断器已拉开，熔管已取下。 断分支线路引线或耐张杆引流线： 1）工作当日到达现场进行复勘时，工作负责人应与运维单位人员共同检查并确认引线负荷侧开关已断开，电压互感器、变压器等已退出； 2）杆上作业电工进入带电作业区域后，应用高压钳形电流表测量支接线路电流不大于0.1A
		3）跌落式熔断器瓷柱绝缘性能不良，泄漏电流伤人	在进入带电作业区域后，应对跌落式熔断器安装横担、下引线进行验电，有电时： 1）应增强带电导线对横担之间的绝缘遮蔽隔离措施； 2）在拆引线前，用钳形电流表测量引线电流不应大于0.1A，并用绝缘操作杆断引线，使作业人员与断开点保持足够距离
		4）断引线的方式的选择应用与支接线路空载电流大小不适应，弧光伤人	1）在签发工作票前，应根据现场勘察记录估算支接线路空载电流以判断作业的安全性，编制现场标准化作业指导书时，应根据估算数据选取合适的作业方式： a）空载电流大于5A禁止断引线； b）空载电流大于0.1A小于等于5A，应用带电作业消弧开关。 2）在拆引线前，应用钳形电流表测量支接线路引线电流进行验证
		5）感应电触电	已断开相引线应视作有电
		6）作业空间狭小，人体串入电路，触电	1）有效控制引线； 2）作业中，防止人体串入已断开的跌落式熔断器引线和干线之间； 3）断引线的正确顺序为"先两边相，再中间相"或"由近及远"
5	绝缘手套作业法带电接引流线（包括熔断器上引线、分支线路引线、耐张杆引流线）	1）重合闸过电压	1）应停用作业线路变电站内开关的自动重合闸装置； 2）馈线自动化配电网络，应停用作业点来电侧分段器的自动合闸功能
		2）装置不符合作业条件，带负荷或空载电流大于0.1A断引线	接熔断器上引线： 工作当日到达现场进行复勘时，工作负责人应与运维单位人员共同检查并确认跌落式熔断器已拉开，熔管已取下。 接分支线路引线或耐张杆引流线： 1）工作当日到达现场进行复勘时，工作负责人应与运维单位共同检查并确认： a）引线负荷侧开关应处于断开状态； b）负荷侧电压互感器、变压器应已断开。 2）在接引线前，应用绝缘电阻检测仪测量引线相间，引线与地电位构件之间的绝缘电阻来判断支接引线负荷侧有无接地、负荷接入等情况。

45

续表

序号	辨识项目	辨识内容	控制措施
5	绝缘手套作业法带电接引流线(包括熔断器上引线、分支线路引线、耐张杆引流线)	2) 装置不符合作业条件，带负荷或空载电流大于0.1A断引线	3) 作业中第一相搭接完成后，应用高压验电器对未接通的两相引线进行验电，并用钳形电流表测量已接通相引线电流，以进一步判断作业条件： a) 未接通的两相有电，禁止继续工作； b) 已接通相电流大于5A，禁止继续工作
		3) 跌落式熔断器瓷柱绝缘性能不良，搭接引线时泄漏电流伤人	在接引线前，应用绝缘电阻检测仪检测跌落式熔断器相对地之间的绝缘电阻
		4) 接引线的方式的选择应用与支接线路空载电流大小不适应，弧光伤人	在签发工作票前，应根据现场勘察记录估算支接线路空载电流以判断作业的安全性，编制现场标准化作业指导书时，应根据估算数据选取合适的作业方式： a) 空载电流大于5A禁止接引线； b) 空载电流大于0.1A小于等于5A，应用带电作业消弧开关
		5) 感应电触电	未接通相引线应视作有电
		6) 作业空间狭小，人体串入电路，触电	1) 有效控制引线； 2) 作业中，防止人体串入已断开的跌落式熔断器引线和干线之间； 3) 接引线的正确顺序为"先中间相，再两边相"或"由远到近"
6	绝缘手套法带电更换熔断器	1) 重合闸过电压	1) 应停用作业线路变电站内开关的自动重合闸装置； 2) 馈线自动化配电网络，应停用作业点来电侧分段器的自动合闸功能
		2) 装置不符合作业条件	工作当日到达现场进行复勘时，工作负责人应与运维单位人员共同检查并确认跌落式熔断器已拉开，熔管已取下
		3) 跌落式熔断器瓷柱绝缘性能不良，泄漏电流伤人	1) 在现场工器具检查的同时，应用绝缘电阻检测仪检测跌落式熔断器相对地之间的绝缘电阻并用熔管进行试拉合，判断跌落式熔断器的机电性能； 2) 在进入带电作业区域后，应对跌落式熔断器安装横担、下引线进行验电，有电时应： a) 增强带电导线对横担之间的绝缘遮蔽隔离措施； b) 在拆引线前，用钳形电流表测量引线电流不应大于0.1A
		4) 作业空间狭小，人体串入电路，触电	1) 有效控制引线； 2) 作业中，防止人体串入已断开或未接通的跌落式熔断器引线和干线之间； 3) 断引线的正确顺序为"先两边相，再中间相"或"由近及远"，接引线的顺序与此相反
7	绝缘手套法带电更换直线杆绝缘子	1) 重合闸过电压	1) 应停用作业线路变电站内开关的自动重合闸装置； 2) 馈线自动化配电网络，应停用作业点来电侧分段器的自动合闸功能
		2) 装置不符合作业条件	1) 在现场勘察时，应检查以下情况，如不满足条件，禁止作业： a) 确认作业装置两侧电杆杆身良好、埋设深度等符合要求，导线在绝缘子上的固结情况良好，避免作业中导线转移时从两侧电杆上脱落； b) 导线应无烧损断股现象，扎线绑扎牢固，绝缘子表面无明显放电痕迹和机械损伤；

续表

序号	辨识项目	辨识内容	控制措施
7	绝缘手套法带电更换直线杆绝缘子	2）装置不符合作业条件	c）横担、抱箍无严重锈蚀、变形、断裂等现象。 2）线路有接地短路现象，禁止作业。 3）斗内电工进入带电作业区域后，应目测检查和对绝缘子铁脚、铁横担等部位验电，进一步确认绝缘子的机电性能
		3）导线失去控制，引发接地短路事故	1）临时固定并承载导线垂直应力的绝缘横担（绝缘支杆）安装牢固，机械强度应满足要求； 2）拆除和绑扎线时，应预先采取防止导线失去控制的措施，如用绝缘斗臂车绝缘小吊的吊钩勾住导线，使导线轻微受力； 3）转移导线时不应超出控制能力，如导线的垂直张力不应超过绝缘斗臂车小吊臂在相应吊角度下的起重能力； 4）转移导线时，应有后备保护； 5）转移后的导线应作妥善固定
		4）作业空间狭小，人体串入电路，触电	1）拆除和绑扎线时，绝缘子铁脚和铁横担遮蔽应严密，且扎线的展放长度不大于10cm。 2）转移后的导线与大地（地电位构件）之间，相间应有主绝缘保护： a）小吊法，导线提升高度应不少于0.4m； b）铁横担法，导线与铁横担之间应有不少于 3 层的绝缘遮蔽用具
8	绝缘手套法带电更换直线杆绝缘子及横担	1）重合闸过电压	1）应停用作业线路变电站内开关的自动重合闸装置； 2）馈线自动化配电网络，应停用作业点来电侧分段器的自动合闸功能
		2）装置不符合作业条件	1）在现场勘察时，应检查以下情况，如不满足条件，禁止作业： a）确认作业装置两侧电杆杆身良好、埋设深度等符合要求，导线在绝缘子上的固结情况良好，避免作业中导线转移时从两侧电杆上脱落； b）导线应无烧断股现象，扎线绑扎牢固，绝缘子表面无明显放电痕迹和机械损伤； c）横担、抱箍无严重锈蚀、变形、断裂等现象。 2）线路有接地短路现象，禁止作业。 3）斗内电工进入带电作业区域后，应目测检查和对绝缘子铁脚、铁横担等部位验电，进一步确认绝缘子的机电性能
		3）导线失去控制，引发接地短路事故	1）临时固定并承载导线垂直应力的绝缘横担（绝缘支杆）安装牢固，机械强度应满足要求； 2）拆除和绑扎线时，应预先采取防止导线失去控制的措施，如用绝缘斗臂车绝缘小吊的吊钩勾住导线，使导线轻微受力； 3）转移导线时不应超出控制能力，如导线的垂直张力不应超过绝缘斗臂车小吊臂在相应吊角度下的起重能力； 4）转移导线时，应有后备保护； 5）转移后的导线应作妥善固定
		4）作业空间狭小，人体串入电路，触电	1）拆除和绑扎线时，绝缘子铁脚和铁横担遮蔽应严密，且扎线的展放长度不大于10cm。 2）转移后的导线与大地（地电位构件）之间，相间应有主绝缘保护： a）小吊法，导线提升高度应不少于0.4m； b）绝缘横担法，绝缘横担离铁横担之间距离应不少于0.4m； c）绝缘支杆法，导线支撑高度应不少于0.4m

续表

序号	辨识项目	辨识内容	控制措施
9	绝缘手套法带电更换耐张杆绝缘子串	1）重合闸过电压	1）应停用作业线路变电站内开关的自动重合闸装置； 2）馈线自动化配电网络，应停用作业点来电侧分段器的自动合闸功能
		2）装置不符合作业条件	1）现场勘察时，应检查： a）作业点及两侧电杆埋设深度符合规范、导线在绝缘子上固结情况良好； b）耐张横担或抱箍应无锈蚀机械强度受损的情况。 2）进入带电作业区域后，斗内电工应验证绝缘子的机电性能，如同时具备以下 2 种现象，应禁止作业： a）用高压验电器对铁横担验电，有电； b）用高压钳形电流表测量耐张线夹前侧与引线之间部位的电流，电流大于 0.1A
		3）导线失去控制，引发导线伤人、接地短路事故	1）紧线时，应密切注意绝缘紧线器等绝缘承力工具的受力情况，导线张力不应超出绝缘承力工具额定能力； 2）紧线后，在更换耐张绝缘子串前，应在紧用的卡线器外侧安装防止导线逃脱的后备保护，并使其轻微受力
		4）作业空间狭小，人体串入电路，触电	1）收紧导线后，紧线装置绝缘有效长度不小于 0.4m。 2）后备保护绝缘有效长度不小于 0.4m。 3）横担、电杆、导线等应遮蔽严密，防止更换绝缘子串时，斗内电工串入相对地的电路中： a）摘下绝缘子串，应先导线侧，及时恢复导线的绝缘遮蔽措施后，再横担侧； b）安装绝缘子串，应先横担侧，及时恢复横担的绝缘遮蔽措施后，再导线侧。 4）设置耐张绝缘子串的绝缘遮蔽措施以及更换耐张绝缘子时，应防止短接绝缘子串，必要时可脱下保护绝缘手套的羊皮手套
10	绝缘手套法带电更换柱上开关或隔离开关	1）重合闸过电压	1）应停用作业线路变电站内开关的自动重合闸装置； 2）馈线自动化配电网络，应停用作业点来电侧分段器的自动合闸功能
		2）装置不符合作业条件	1）工作当日到达现场进行复勘时，工作负责人应与运维单位人员共同检查并确认： a）柱上开关设备已拉开； b）如柱上断路器、柱上负荷开关电源侧有电压互感器，已通过操作隔离开关退出。 2）进入带电作业区域后，斗内电工应判断柱上开关或隔离开关机电性能，同时符合以下 2 种情况下禁止作业： a）用高压验电器对开关或隔离开关金属外壳、安装支架验电，有电； b）用钳形电流表测量引线电流，大于 5A
		3）旧开关设备绝缘性能和机械性能不良，泄漏电流或短路电流电弧伤人	1）对开关金属外壳、安装支架验电发现有电或引线电流大于 0.1A（小于 5A），应增强绝缘遮蔽隔离措施和采取消弧措施； 2）开关设备机械性能不良的情况下，如绝缘柱断裂，应对引线采取合适的控制方式和断线方式； 3）有效控制开关设备的引线

续表

序号	辨识项目	辨识内容	控制措施
10	绝缘手套法带电更换柱上开关或隔离开关	4）新开关设备的绝缘性能和操作性能不良，带负荷接引线，泄漏电流或短路电流电弧伤人	1）在现场工器具检查的同时，应用绝缘电阻检测仪检测开关相间及相对地之间的绝缘电阻不小于 500MΩ，并进行试分、合操作； 2）在搭接新换开关设备两侧引线前，应确认开关设备处于分闸位置； 3）有效控制开关设备的引线
		5）作业空间狭小，人体串入电路，触电	1）应按照以下顺序断、接开关设备引线： a）断开关设备引线时，宜先断电源侧引线；各侧三相引线应按"先两边相，再中间相"或"由近及远"的顺序进行； b）接开关设备引线时，宜先接负荷侧；三相引线应按"先中间相，再两边相"或"由远到近"的顺序进行； c）引线带电断、接的位置均应在干线搭接位置处进行。 2）作业中，应防止人体串入已断开或未接通的引线和干线之间；或串入隔离开关动、静触头之间
		6）重物打击，高处落物	1）在安装绝缘斗臂车小吊臂时，应检查： a）吊绳的机械强度（如断股、伸长率、变形等）； b）小吊滑轮和吊钩部件的完整性、操作的灵活性和机械强度。 2）起吊时，载荷不应超出绝缘斗臂车小吊相应起吊角度下的起重能力。 3）起吊时，应控制设备晃动幅度，不应超出小吊的控制能力： a）绝缘斗臂车小吊升降和绝缘臂的起伏、升降、回转等操作不应同时进行； b）必要时还应在开关设备底座上增加绝缘控制绳，由地面电工进行控制。 4）起吊时，应正确选择并安装绝缘千斤绳套、卸扣。 5）上下传递设备、材料，不应与电杆、绝缘斗臂车工作斗发生碰撞。 6）地面工作人员、杆上配合人员不得处于绝缘斗臂车绝缘臂、绝缘斗或开关设备下方

（三）配网不停电作业第三类项目

配网不停电作业第三类项目主要有复杂绝缘杆作业法和复杂绝缘手套作业法项目，共 13 个项目。复杂绝缘杆作业法项目包括更换直线绝缘子及横担等；复杂绝缘手套作业法项目包括带负荷更换柱上开关设备、直线杆改耐张杆、带电撤立杆等。

配网不停电作业第三类项目作业安全风险辨识内容及典型控制措施如表 3–11 所示。

表 3-11 配网不停电作业第三类项目作业安全风险辨识内容及典型控制措施

序号	辨识项目	辨识内容	控制措施
1	绝缘杆作业法带电更换直线杆绝缘子	1）装置不符合作业条件	1）在现场勘察时，应进行以下检查，如不满足条件，禁止作业： a) 作业点及两侧电杆埋设深度符合要求和导线在绝缘子上固结情况良好，避免作业中导线转移时从两侧电杆上脱落； b) 导线应无烧损断股等影响机械强度现象，扎线绑扎牢固，绝缘子表面无明显放电痕迹和机械损伤； c) 横担、抱箍无严重锈蚀、变形、断裂等现象。 2）线路有接地短路现象，禁止作业
		2）个人防护用具使用不当，接触电压触电	1）杆上电工进入带电作业区域后，应目测检查和对绝缘子铁脚、铁横担等部位并进行验电，进一步确认绝缘子的机电性能，如有电禁止作业； 2）杆上作业电工应穿戴全套个人绝缘防护用具
		3）导线失去控制，引发接地短路事故	1）在地面检查工器具时，应检查绝缘羊角抱杆的绝缘性能、机械强度和操作性能； 2）绝缘羊角抱杆安装应牢固可靠； 3）在拆除和绑扎线前，应预先采取防止失去控制的措施，将导线放入绝缘羊角抱杆的线槽或吊钩中，并操作绝缘羊角抱杆机构，使导线轻微受力
		4）作业空间狭小，人体串入电路，触电	1）拆除和绑扎线时，绝缘子铁脚和铁横担应遮蔽严密，且扎线的展放长度不大于10cm； 2）拆除扎线后，导线提升高度应不小于0.4m，且导线绝缘遮蔽应严密牢固，在导线下方应看不到明显的间隙，绝缘遮蔽用具组合的重叠长度不应少于15cm
2	绝缘杆作业法带电更换直线杆绝缘子及横担	1）重合闸过电压	1）应停用作业线路变电站内开关的自动重合闸装置； 2）馈线自动化配电网络，应停用作业点来电侧分段器的自动合闸功能
		2）装置不符合作业条件	1）在现场勘察时，应检查以下情况，如不满足条件，禁止作业： a) 确认作业装置两侧电杆杆身良好、埋设深度等符合要求，导线在绝缘子上的固结情况良好，避免作业中导线转移时从两侧电杆上脱落； b) 导线应无烧损断股现象，扎线绑扎牢固，绝缘子表面无明显放电痕迹和机械损伤； c) 横担、抱箍无严重锈蚀、变形、断裂等现象。 2）线路有接地短路现象，禁止作业； 3）进入带电作业区域后，应目测检查和对绝缘子铁脚、铁横担等部位验电，进一步确认绝缘子的机电性能
		3）导线失去控制，引发接地短路事故	1）临时固定并承载导线垂直应力的绝缘抱杆等安装牢固，机械强度应满足要求； 2）拆除和绑扎线时，应预先采取防止导线失去控制的措施，如导线进入绝缘抱杆线槽并锁定； 3）转移导线时不应超出控制能力，如导线的垂直张力不应超过绝缘抱杆等的起重能力； 4）转移导线时，应有后备保护； 5）转移后的导线应作妥善固定

续表

序号	辨识项目	辨识内容	控制措施
2	绝缘杆作业法带电更换直线杆绝缘子及横担	4）作业空间狭小，人体串入电路，触电	1）拆除和绑扎线时，绝缘子铁脚和铁横担遮蔽应严密，且扎线的展放长度不大于10cm。 2）转移后的导线与大地（地电位构件）之间，相间应有主绝缘保护： ——绝缘抱杆法，导线提升高度应不少于0.4m
3	绝缘杆作业法带电更换熔断器	1）装置不符合作业条件	工作当日到达现场进行复勘时，工作负责人应与运维单位人员共同检查并确认跌落式熔断器已拉开，熔管已取下，支线侧具有防倒送电措施
		2）作业空间狭小，引发接地短路	1）有效控制引线； 2）断三相引线的顺序应为"先两边相，再中间相"；接三相引线的顺序应为"先中间相，再两边相"。 3）断每相引线的顺序应为：先干线处，再跌落式熔断器静触头处；先将三相引线安装到跌落式熔断器上接线柱处，再逐相将引线搭接到干线上
		3）更换熔断器时安全距离不足，触电	断开上引线更换熔断器时，人体与带电体安全距离不小于0.4m
		4）高处落物	1）剪断的引线应有效控制，防止高处落物； 2）安装引线时，防止螺母垫片等掉落； 3）传送线夹时应牢固稳定
4	绝缘手套作业法带电更换耐张绝缘子串及横担	1）重合闸过电压	1）应停用作业线路变电站内开关的自动重合闸装置； 2）馈线自动化配电网络，应停用作业点来电侧分段器的自动合闸功能
		2）装置不符合作业条件	1）现场勘察时，应检查： a）作业点及两侧电杆埋设深度符合规范、导线在绝缘子上固结情况良好； b）耐张横担或抱箍应无锈蚀机械强度受损的情况。 2）进入带电作业区域后，斗内电工应验证绝缘子的机电性能，如同时具备以下2种现象，应禁止作业： a）用高压验电器对铁横担验电，有电； b）用高压钳形电流表测量耐张线夹前侧与引线之间部位的电流，电流大于0.1A
		3）导线失去控制，引发导线伤人、接地短路事故	1）紧线时，应密切注意绝缘紧线器等绝缘承力工具的受力情况，导线张力不应超出绝缘承力工具额定能力； 2）紧线后，在更换耐张绝缘子串前，应在紧线用的卡线器外侧安装防止导线逃脱的后备保护，并使其轻微受力
		4）作业空间狭小，人体串入电路，触电	1）收紧导线后，紧线装置绝缘有效长度不小于0.4m。 2）后备保护绝缘有效长度不小于0.4m。 3）横担、电杆、导线等应遮蔽严密，防止更换绝缘子串时，斗内电工串入相对地的电路： a）摘下绝缘子串，应先导线侧，及时恢复导线的绝缘遮蔽措施后，再横担侧； b）安装绝缘子串，应先横担侧，及时恢复横担的绝缘遮蔽措施后，再导线侧。 4）设置耐张绝缘子串的绝缘遮蔽措施以及更换耐张绝缘子时，应防止短接绝缘子串，必要时可脱下保护绝缘手套的羊皮手套
		5）电杆受力不均倒杆、横担扭转	1）在电杆合适位置打好临时拉线； 2）紧线、松线时应电杆两侧同相同时进行

续表

序号	辨识项目	辨识内容	控制措施
5	绝缘手套作业法带电组立或撤除直线电杆	1）重合闸过电压	1）应停用作业线路变电站内开关的自动重合闸装置； 2）馈线自动化配电网络，应停用作业点来电侧分段器的自动合闸功能
		2）装置不符合作业条件	1）现场勘查和工作当日现场复勘时，工作负责人应检查并确认作业点及两侧电杆、导线及其他带电设备安装牢固，避免工作中发生倒杆、断线事故； 2）工作现场除可以停放绝缘斗臂车外，还应适合停放吊车
		3）吊车起重工作中倾覆	作业时，吊车应置于平坦、坚实的地面上，不得在暗沟、地下管线等上面作业；无法避免时，应采取防护措施
		4）静电感应电压触电	吊车应安装接地线并可靠接地，接地线应用多股软铜线，其截面积不得小于 16mm^2
		5）接触电压触电	1）起吊电杆作业时，电杆宜从导线下方倒伏起立进入杆坑，起重机臂架应处于带电导线下方，并与带电导线的距离不小于 0.4m； 2）电杆杆梢应遮蔽严密牢固，软质绝缘遮蔽用具外部应有防机械磨损的措施； 3）电杆杆根应用接地线接地，其截面积不得小于 16mm^2； 4）杆根作业人员应穿绝缘靴，戴绝缘手套；起重设备操作人员应穿绝缘靴
		6）作业空间狭小，导线受压单相接地	1）中间相导线应用绝缘绳或其他绝缘工器具向旁边拉开，留出足够的作业空间； 2）杆坑正上方的导线应设置有足够范围的绝缘遮蔽隔离措施； 3）在撤、立杆时，电杆顶端不宜有横担等金具附件； 4）电杆吊点选择应合适，避免电杆在起吊时大幅晃动，必要时应使用足够强度的绝缘绳索作拉绳，控制电杆的起立方向
		7）重物打击	在起吊、牵引过程中，受力钢丝绳的周围、上下方、吊臂和起吊物的下面，禁止有人逗留和通过
6	绝缘手套作业法带电更换直线电杆	1）重合闸过电压	1）应停用作业线路变电站内开关的自动重合闸装置； 2）馈线自动化配电网络，应停用作业点来电侧分段器的自动合闸功能
		2）装置不符合作业条件	1）现场勘查和工作当日现场复勘时，工作负责人应检查并确认作业点及两侧电杆、导线及其他带电设备安装牢固，避免工作中发生倒杆、断线事故； 2）工作现场除可以停放绝缘斗臂车外，还应适合停放吊车
		3）吊车起重工作中倾覆	作业时，吊车应置于平坦、坚实的地面上，不得在暗沟、地下管线等上面作业；无法避免时，应采取防护措施
		4）静电感应电压触电	吊车应安装接地线并可靠接地，接地线应用多股软铜线，其截面积不得小于 16mm^2
		5）接触电压触电	1）起吊电杆作业时，电杆宜从导线下方倒伏起立进入杆坑，起重机臂架应处于带电导线下方，并与带电导线的距离不小于 0.4m； 2）电杆杆梢应遮蔽严密牢固，软质绝缘遮蔽用具外部应有防机械磨损的措施； 3）电杆杆根应用接地线接地，其截面积不得小于 16mm^2； 4）杆根作业人员应穿绝缘靴，戴绝缘手套；起重设备操作人员应穿绝缘靴

第三章 作业项目安全风险管控

续表

序号	辨识项目	辨识内容	控制措施
6	绝缘手套作业法带电更换直线电杆	6）作业空间狭小，导线受压单相接地	1）中间相导线应用绝缘绳或其他绝缘工器具向旁边拉开，留出足够的作业空间； 2）杆坑正上方的导线应设置有足够范围的绝缘遮蔽隔离措施； 3）在撤、立杆时，电杆顶端不宜有横担等金具附件； 4）电杆吊点选择应合适，避免电杆在起吊时大幅晃动，必要时应使用足够强度的绝缘绳索作绳绳，控制电杆的起立方向
		7）重物打击	在起吊、牵引过程中，受力钢丝绳的周围、上下方、吊臂和起吊物的下面，禁止有人逗留和通过
7	绝缘手套作业法带电直线杆改终端杆	1）重合闸过电压	1）应停用作业线路变电站内开关的自动重合闸装置； 2）馈线自动化配电网络，应停用作业点来电侧分段器的自动合闸功能
		2）装置不符合作业条件	现场勘查和工作当日现场复勘时，工作负责人应检查并确认作业点及两侧电杆、导线及其他带电设备安装牢固，避免工作中发生倒杆、断线事故
		3）紧线或断线时发生倒杆，重物打击	1）应有防止电杆受力不均衡的措施： a）作业点处，应在电杆上预先打好永久（或临时）耐张拉线。 b）应在作业点后侧第一基电杆处先打好耐张拉线。 2）断线时，不应采用只在电源侧紧线，而在负荷侧突然断线的方式
		4）直线横担改耐张横担，拆导线绑扎线和直线杆绝缘子时，短路	1）人体不应串入电路； 2）拆除扎线时，绝缘子铁脚和铁横担应遮蔽严密，且扎线的展放长度不大于10cm； 3）拆除扎线后，导线提升高度应不小于0.4m，且导线绝缘遮蔽应严密牢固，在导线下方应看不到明显的间隙，绝缘遮蔽用具组合的重叠长度不应少于15cm
		5）直线横担改耐张横担，转移导线时，逃线	1）临时固定并承载导线垂直应力的绝缘横担（绝缘支杆）安装牢固，机械强度应满足要求； 2）拆除和绑扎线时，应预先采取防止导线失去控制的措施，如用绝缘斗臂车绝缘小吊的吊钩勾住导线，使导线轻微受力； 3）转移导线时不应超出控制能力，如导线的垂直张力不应超过绝缘斗臂车小吊臂在相应起吊角度下的起重能力； 4）转移导线时，应有后备保护； 5）转移后的导线应作妥善固定
		6）紧线及断线时逃线	1）紧线工具应有足够的机械强度； 2）紧线时，应密切注意绝缘紧线器等绝缘承力工具的受力情况，导线张力不应超出绝缘承力工具额定能力； 3）紧线后，开断导线前，应在紧线用的卡线器外侧安装防止导线逃脱的后备保护，并使其轻微受力
		7）紧线时，相对地泄漏电流或接地电流伤人	1）收紧导线后，紧线装置绝缘有效长度不小于0.4m； 2）后备保护绝缘有效长度不小于0.4m
		8）导线固结至耐张线夹时，人体串入电路或发生接地短路，触电	1）横担、电杆、导线等应遮蔽严密，防止斗内电工在将导线固结到耐张绝缘子串时串入相对地的电路中； 2）在将导线固结到耐张绝缘子串时，应防止短接绝缘串，必要时可脱下保护绝缘手套的羊皮手套
		9）防止感应电触电	已断开相导线应视作有电导体，地面电工需将其接地后才能接触

续表

序号	辨识项目	辨识内容	控制措施
8	绝缘手套作业法带负荷更换熔断器	1）重合闸过电压	1）应停用作业线路变电站内开关的自动重合闸装置； 2）馈线自动化配电网络，应停用作业点来电侧分段器的自动合闸功能
		2）装置不符合作业条件	1）最大负荷电流不大于200A； 2）斗内电工进入带电作业区域后，对熔断器横担验电发现有电，并且变电站有明显接地信号，禁止作业
		3）旧跌落式熔断器瓷柱绝缘性能不良，泄漏电流伤人	1）拆旧跌落式熔断器引线前，应用绝缘操作杆拉开跌落式熔断器，并用高压钳形电流表测量引线泄漏电流： a) 电流大于0.1A（小于5A），应增强绝缘遮蔽隔离措施和采取消弧措施； b) 电流大于5A，禁止作业。 2）拆旧跌落式熔断器引线前，无法操作使其处于分闸位置，对跌落式熔断器横担验电发现有电，但变电站无接地信号的情况下，应增强绝缘遮蔽隔离措施和采取消弧措施。 3）跌落式熔断器机械性能不良的情况下，如固定杆脱落，应对跌落式熔断器采取合适的控制方式防止引线断线方式。 4）有效控制跌落式熔断器的引线
		4）旁路回路过载	短接跌落式熔断器的旁路回路的载流能力应满足最大负荷电流的要求（$I_N \geqslant 1.2 I_{fmax}$）
		5）短接跌落式熔断器的方式选择不当，导致相间短路、带负荷断接	1）采用线路跨接器法短接单相跌落式熔断器： a) 组装旁路回路时，线路跨接器应处于分闸位置； b) 线路跨接器合闸前检查绝缘分流线连接相位，确保相位一致； c) 禁止使用绝缘分流线直接短接跌落式熔断器。 2）采用旁路开关法同时短接三相跌落式熔断器： a) 组装旁路回路时，旁路负荷开关应处于分闸位置； b) 旁路负荷开关合闸前进行核相，确保相位一致。 3）旁路回路投入运行后，应用高压钳形电流表检测分流状况良好（约1/4～3/4负荷电流）后，才能更换跌落式熔断器
		6）新跌落式熔断器的绝缘性能和操作性能不良，泄漏电流或短路电流电弧伤人	1）在现场工器具检查的同时，应用绝缘电阻检测仪检测跌落式熔断器相对地之间的绝缘电阻，并进行试分、合操作； 2）在搭接新跌落式熔断器两侧引线时，跌落式熔断器应处于分闸位置
		7）跌落式熔断器引线相序错误，合闸时相间短路	新跌落式熔断器在合闸前，应对引线相位进行检查，确保相位一致
		8）带负荷拆旁路回路	1）拆旁路回路前，应用绝缘操作杆合上跌落式熔断器； 2）拆除旁路回路前，应先用绝缘操拉开线路跨接器或旁路开关，使其处于分闸位置
		9）作业空间狭小，人体串入电路，触电	1）应按照以下顺序断、接跌落式熔断器引线： a) 断跌落式熔断器引线时，宜先断电源侧引线；各侧三相引线应按"先两边相，再中间相"或"由近及远"的顺序进行； b) 接跌落式熔断器引线时，宜先接负荷侧；三相引线应按"先中间相，再两边相"或"由远到近"的顺序进行； c) 引线带电断、接的位置均应在干线及支线搭接位置处进行。

第三章　作业项目安全风险管控

续表

序号	辨识项目	辨识内容	控制措施
8	绝缘手套作业法带负荷更换熔断器	9）作业空间狭小，人体串入电路，触电	2）作业中，应防止人体串入已断开或未接通的引线和干线及支线之间，或串入跌落式熔断器上下桩头之间。 3）有效控制跌落式熔断器的引线
		10）高处落物	1）剪断的引线应有效控制，防止高处落物； 2）安装引线时，防止螺母垫片等掉落
9	绝缘手套作业法带负荷更换导线非承力线夹	1）重合闸过电压	1）应停用作业线路变电站内开关的自动重合闸装置； 2）馈线自动化配电网络，应停用作业点来电侧分段器的自动合闸功能
		2）装置不符合作业条件	1）最大负荷电流不大于 200A； 2）所更换的线夹有严重的熔断风险
		3）旁路回路过载	短接导线非承力线夹的旁路回路的载流能力应满足最大负荷电流的要求（$I_N \geqslant 1.2 I_{fmax}$）
		4）短接导线非承力线夹的方式选择不当，导致相间短路	1）用绝缘分流线短接导线非承力线夹，应使用 2 辆绝缘斗臂车，采取同相同步的方式进行。 2）用线路跨接器短接导线非承力线夹： a）组装旁路回路时，线路跨接器应处于分闸位置； b）线路跨接器合闸前检查绝缘分流线连接相位，确保相位一致。 3）旁路回路投入运行后，应用高压钳形电流表检测分流状况良好（约 1/4～3/4 负荷电流）后，才能更换导线非承力线夹
		5）导线非承力线夹断开后控制不当，导致接地或相间短路	拆线夹前应采取固定控制措施，防止线夹拆除后，导线或引线失去控制
		6）带负荷拆旁路回路	1）拆旁路回路前，应用检查主回路分流正常（约 1/4～3/4 负荷电流）； 2）拆除旁路回路前，应先用绝缘操拉开线路跨接器，使其处于分闸位置
		7）作业空间狭小，人体串入电路，触电	1）有效控制导线非承力线夹连接的导线、引线； 2）作业中，防止人体串入已断开的两个线头之间
		8）高处落物	1）剪断的引线应有效控制，防止高处落物； 2）安装引线时，防止螺母垫片等掉落
10	绝缘手套作业法带负荷更换柱上开关或隔离开关	1）重合闸过电压	1）应停用作业线路变电站内开关的自动重合闸装置； 2）馈线自动化配电网络，应停用作业点来电侧分段器的自动合闸功能
		2）装置不符合作业条件	1）当日工作现场复勘时，如待更换的断器（或具有配网自动化功能的分段开关、用户分界开关）电源侧有电压互感器，应与运维人员一起确认已退出（注：如无法通过隔离开关的操作退出电压互感器，禁止作业）。 2）最大负荷电流不大于 200A。 3）斗内电工进入带电作业区域后，对开关金属外壳、安装支架验电发现有电，并且变电站有明显接地信号，禁止作业

55

续表

序号	辨识项目	辨识内容	控制措施
10	绝缘手套作业法带负荷更换柱上开关或隔离开关	3）旧开关设备绝缘性能和机械性能不良，泄漏电流或短路电流电弧伤人	1）拆旧开关设备引线前，宜用绝缘操作杆操作使开关处于分闸位置，并用高压钳形电流表测量引线泄漏电流： a）电流大于 0.1A（小于 5A），应增强绝缘遮蔽隔离措施和采取消弧措施； b）电流大于 5A，禁止作业。 2）拆旧开关设备引线前，无法操作使其处于分闸位置，对开关金属外壳、安装支架验电发现有电，但变电站无接地信号的情况下，应增强绝缘遮蔽隔离措施和采取消弧措施。 3）开关设备机械性能不良的情况下，如绝缘柱断裂，应对引线采取合适的控制方式和断线方式。 4）有效控制开关设备的引线
		4）旁路回路过载	短接柱上开关设备的旁路回路的载流能力应满足最大负荷电流的要求（$I_N \geq 1.2 I_{fmax}$）
		5）短接柱上开关设备的方式选择不当，导致相间短路	1）用绝缘分流线短接开关设备： a）应使用 2 辆绝缘斗臂车，采取同相同步的方式进行； b）短接断路器前，应闭锁断路器跳闸回路；短接隔离开关应采取防止意外断开的措施。 2）用 2 组带有引流线夹终端和快速插拔终端的旁路柔性电缆为高压引下电缆和 1 台旁路负荷开关组件的旁路回路短接开关设备： a）组装旁路回路时，旁路负荷开关应处于分闸位置； b）旁路回路组装完毕，应在旁路负荷开关处进行核相后再合开关。 3）绝缘分流线组装完毕或旁路回路投入运行后，应用高压钳形电流表检测分流状况良好后，才能更换柱上开关设备
		6）新开关设备的绝缘性能和操作性能不良，泄漏电流或短路电流电弧伤人	1）在现场工器具检查的同时，检查开关设备的出厂合格证，应用绝缘电阻检测仪检测开关相间及相对地之间的绝缘电阻不小于 500MΩ，并进行试分、合操作； 2）在搭接新换开关设备两侧引线时，开关设备应处于分闸位置
		7）开关设备引线相序错误，合闸时相间短路	新换柱上开关或隔离开关在合闸前，应对引线相位进行检查，必要时应用核相仪进行核相
		8）带负荷拆绝缘分流线或旁路回路	1）拆绝缘分流线或旁路回路前，应用绝缘操作棒操作柱上开关（断路器）的操作机构，使其合闸，并闭锁跳闸回路和操作机构； 2）拆除由旁路负荷开关、旁路高压引下电缆等设备组成的旁路回路前，应先用绝缘操作棒操作旁路负荷开关使其处于分闸位置
		9）作业空间狭小，人体串入电路，触电	1）应按照以下顺序断、接开关设备引线： a）断开关设备引线时，宜先断电源侧引线；各侧三相引线应按"先两边相，再中间相"或"由近及远"的顺序进行； b）接开关设备引线时，宜先接负荷侧；三相引线应按"先中间相，再两边相"或"由远到近"的顺序进行； c）引线带电断、接的位置均应在干线搭接位置处进行。 2）作业中，应防止人体串入已断开或未接通的引线和干线之间；或串入隔离开关动、静触头之间。 3）有效控制开关设备的引线

续表

序号	辨识项目	辨识内容	控制措施
10	绝缘手套作业法带负荷更换柱上开关或隔离开关	10）重物打击，高处落物	1）在安装绝缘斗臂车小吊臂时，应检查： a）吊绳的机械强度（如断股、伸长率、变形等）； b）小吊滑轮和吊钩部件的完整性、操作的灵活性和机械强度。 2）起吊时，载荷不应超出绝缘斗臂车小吊相应起吊角度下的起重能力。 3）起吊时，应控制设备晃动幅度，不应超出小吊的控制能力： a）绝缘斗臂车小吊升降和绝缘臂的起伏、升降、回转等操作不应同时进行； b）必要时还应在开关设备底座上增加绝缘控制绳，由地面电工进行控制。 4）起吊时，应正确选择并安装绝缘千斤绳套、卸扣。 5）上下传递设备、材料，不应与电杆、绝缘斗臂车工作斗发生碰撞。 6）地面工作人员、杆上配合人员不得处于绝缘斗臂车绝缘臂、绝缘斗或开关设备下方
11	绝缘手套作业法带负荷直线杆改耐张杆	1）重合闸过电压	1）应停用作业线路变电站内开关的自动重合闸装置； 2）馈线自动化配电网络，应停用作业点来电侧分段器的自动合闸功能
		2）装置不符合作业条件	1）现场勘查和工作当日现场复勘时，工作负责人应检查并确认作业点及两侧电杆、导线及其他带电设备安装牢固，避免工作中发生倒杆、断线事故； 2）现场勘查时通过配网调度系统检测线路最大负荷电流不大于 200A；工作当日，斗内电工进入带电作业区域后，应用高压钳形电流表测量线路电流不大于 200A
		3）紧线或断线时发生倒杆，重物打击	作业点处，应在电杆上预先打好永久（或临时）耐张拉线
		4）直线横担改耐张横担，拆导线绑扎线和直线杆绝缘子时，短路	1）人体不应串入电路； 2）拆除扎线时，绝缘子铁脚和铁横担应遮蔽严密，且扎线的展放长度不大于 10cm； 3）拆除扎线后，导线提升高度应不小于 0.4m，且导线绝缘遮蔽应严密牢靠，在导线下方应看不到明显的间隙，绝缘遮蔽用具组合的重叠长度不应少于 15cm
		5）直线横担改耐张横担，转移导线时，逃线	1）临时固定并承载导线垂直应力的绝缘横担（绝缘支杆）安装牢固，机械强度应满足要求； 2）拆除和绑扎线时，应预先采取防止导线失去控制的措施，如绝缘斗臂车绝缘小吊的吊钩勾住导线，使导线轻微受力； 3）转移导线时不应超出控制能力，如导线的垂直张力不应过绝缘斗臂车小吊臂在相应起吊角度下的起重能力； 4）转移导线时，应有后备保护； 5）转移后的导线应妥善固定
		6）带负荷断导线，旁路设备过载	1）断线前，应安装绝缘分流线转移负荷电流； 2）绝缘分流线的额定载流能力应大于等于 1.2 倍线路的最大负荷电流； 3）应清除架空导线与绝缘分流线或旁路高压引电缆的引流线夹连接处的脏污和氧化物； 4）绝缘分流线的引流线夹宜朝上安装在架空导线上，并应有防坠措施； 5）组装绝缘分流线后，应用高压钳形电流表确认分流正常（约为 1/2 线路负荷电流）

续表

序号	辨识项目	辨识内容	控制措施
11	绝缘手套作业法带负荷直线杆改耐张杆	7）短接开断点的方式不当，短路	用绝缘分流线短接开断点时，应使用2辆绝缘斗臂车，采取同相同步的方式进行
		8）紧线及断线时逃线	1）紧线工具应有足够的机械强度； 2）紧线时，应密切注意绝缘紧线器等绝缘承力工具的受力情况，导线张力不应超出绝缘承力工具额定能力； 3）紧线后，开断导线前，应在紧线用的卡线器外侧安装防止导线逃脱的后备保护，并使其轻微受力
		9）紧线时，相对地泄漏电流或接地电流伤人	1）收紧导线后，紧线装置绝缘有效长度不小于0.4m； 2）后备保护绝缘有效长度不小于0.4m
		10）导线固结至耐张线夹时，人体串入电路或发生接地短路，触电	1）横担、电杆、导线等应遮蔽严密，防止斗内电工在将导线固结到耐张绝缘子串时串入相对地的电路； 2）在将导线固结到耐张绝缘子串时，应防止短接绝缘子串，必要时可脱下保护绝缘手套的羊皮手套
		11）安装过引线时，作业空间狭小，电路	1）安装过引线时，应对其进行有效控制，宜在带电导体遮蔽严密的情况下先将过引线固定在过渡用的瓷横担后，再搭接； 2）将过引线搭接至主干线后，应及时恢复绝缘遮蔽隔离措施
12	绝缘手套作业法带电断空载电缆线路与架空线路连接引线	1）重合闸过电压	1）应停用作业线路变电站内开关的自动重合闸装置； 2）馈线自动化配电网络，应停用作业点来电侧分段器的自动合闸功能
		2）装置不符合作业条件	1）在签发工作票前，应根据现场勘察记录估算电缆线路空载电流以判断作业的安全性，编制现场标准化作业指导书时，应根据估算数据选取合适的作业方式： a）空载电流大于0.1A，应使用消弧开关； b）空载电流超过5A，禁止作业。 2）工作当日现场复勘时，工作负责人应与运维单位人员到电缆负荷侧的开关站、环网柜检查并确认相应配电间隔的开关已处于热备用（冷备用）位置。 3）进入带电作业区域后，斗内电工应使用高压钳形电流表测量电缆空载电流进一步确认装置的作业条件
		3）带电作业用消弧开关断口间绝缘性能不良，开断后不能起到真正切断电路的作用；组装或拆卸消弧开关和绝缘分流线组成的旁路回路时，空载电流大于0.1A电弧伤人	1）现场检测工器具时，应用2500V及以上绝缘电阻检测仪测量消弧开关断口间绝缘电阻不小于500MΩ。 2）拆除消弧开关与绝缘分流线组成的旁路回路前，应用绝缘操作杆（绳）操作消弧开关使其分闸，并用高压钳形电流表检测绝缘分流线上的电流，确认电路确已断开
		4）消弧开关组装、使用、拆除方式错误空载电流电弧灼伤斗内电工或产生过电压电击斗内电工	1）正确组装消弧开关与绝缘分流线组成的旁路回路： a）确认消弧开关应处于分闸位置并闭锁； b）先在干线挂接消弧开关； c）再将绝缘分流线一端引流线夹挂接至消弧开关动触头处的导电杆上； d）最后将另一端引流线夹安装到电缆终端与过渡引线的连接位置。 2）拆除消弧开关与绝缘分流线组成的旁路回路应先确认消弧开关处于分闸位置并闭锁。 3）消弧开关的操作应正确使用绝缘操作杆或操作绳

续表

序号	辨识项目	辨识内容	控制措施
12	绝缘手套作业法带电断空载电缆线路与架空线路连接引线	5）已断开相电缆电容电荷对人体放电导致触电	地面电工不应直接接触电缆终端引线（拆除电缆终端引线后，电缆负荷侧开关站、环网柜相应配电间隔开关应从热备用（冷备用）改检修后，通过线路侧接地闸刀即实现放电目的。带电作业人员不应介入停电检修电缆的作业）
		6）已断开相电缆终端引线对地电位构件放电弧光伤人，感应电触电	已断开相电缆终端引线应视作带电体： 1）电缆终端引线应设置绝缘遮蔽隔离措施； 2）电缆终端引线应妥善固定
		7）作业空间狭小，触电	断三相电缆终端引线的应按"先两边相，最后中间相"或"由近及远"的顺序进行
13	绝缘手套作业法带电接空载电缆线路与架空线路连接引线	1）重合闸过电压	1）应停用作业线路变电站内开关的自动重合闸装置； 2）馈线自动化配电网络，应停用作业点来电侧分段器的自动合闸功能
		2）装置不符合作业条件	1）在签发工作票前，应根据现场勘察记录估算电缆线路空载电流以判断作业的安全性，编制现场标准化作业指导书时，应根据估算数据选取合适的作业方式： a）空载电流大于 0.1A，应使用消弧开关； b）空载电流超过 5A，禁止作业。 2）工作当日现场复勘时，工作负责人应与运维单位人员到电缆负荷侧的开关站、环网柜检查并确认相应配电间隔的开关已处于热备用（冷备用）位置。 3）进入带电作业区域后，斗内电工应做以下检查，不满足任何一项均应禁止作业： a）用高压验电器对电缆终端引线验电，确认无倒送电现象； b）用 2500V 及以上绝缘电阻检测仪检测电缆终端引线相间、相对地之间的绝缘电阻，确认无接地或负荷接入
		3）带电作业用消弧开关断口间绝缘性能不良，开断后不能起到真正切断电路的作用；组装或拆卸消弧开关和绝缘分流线组成的旁路回路时，空载电流大于 0.1A 电弧伤人	1）现场检测工器具时，应用 2500V 及以上绝缘电阻检测仪测量消弧开关断口间绝缘电阻不小于 500MΩ； 2）拆除消弧开关与绝缘分流线组成的旁路回路前，应用绝缘操作杆（绳）操作消弧开关使其分闸，并用高压钳形电流表检测绝缘分流线上的电流，确认电路确已断开
		4）消弧开关组装、使用、拆除方式错误空载电流电弧灼伤斗内电工或产生过电压电击斗内电工	1）正确组装消弧开关与绝缘分流线组成的旁路回路： a）确认消弧开关应处于分闸位置并闭锁； b）先在干线挂接消弧开关； c）再将绝缘分流线一端引流线夹挂接至消弧开关动触头处的导电杆上； d）最后将另一端引流线夹安装到电缆终端与过渡引线的连接位置。 2）正确拆除消弧开关与绝缘分流线组成的旁路回路： a）确认消弧开关处于分闸位置并闭锁； b）先从电缆终端、过渡引线连接处，将绝缘分流线的引流线夹拆除； c）再从消弧开关动触头导电杆处，将绝缘分流线另一端引流线夹拆除； d）最后将消弧开关从干线上摘除。 3）消弧开关的操作应正确使用绝缘操作杆或操作绳

续表

序号	辨识项目	辨识内容	控制措施
13	绝缘手套作业法带电接空载电缆线路与架空线路连接引线	5）未接通相电缆终端引线对地电位构件放电弧光伤人，感应电触电	未接通相电缆终端引线应视作带电体： 1）电缆终端引线应设置绝缘遮蔽隔离措施； 2）电缆终端引线应妥善固定
		6）作业空间狭小，触电	接三相电缆终端引线的应按"先中间相，最后两边相"或"由远到近"顺序进行

（四）配网不停电作业第四类项目

配网不停电作业第四类项目主要有复杂绝缘手套项目和综合不停电作业项目，共6个项目，包括直线杆改耐张杆并加装柱上断路器或隔离开关、更换柱上变压器、旁路作业检修电缆线路、旁路作业检修环网箱等。

配网不停电作业第四类项目作业安全风险辨识内容及典型控制措施如表3-12所示。

表3-12 配网不停电作业第四类项目作业安全风险辨识内容及典型控制措施

序号	辨识项目	辨识内容	控制措施
1	绝缘手套作业法带负荷直线杆改耐张杆并加装柱上开关或隔离开关	1）重合闸过电压	1）应停用作业线路变电站内开关的自动重合闸装置； 2）馈线自动化配电网络，应停用作业点来电侧分段器的自动合闸功能
		2）装置不符合作业条件	1）现场勘查和工作当日现场复勘时，工作负责人应检查并确认作业点及两侧电杆、导线及其他带电设备安装牢固，避免工作中发生倒杆、断线事故； 2）现场勘查时通过配网调度系统检测线路最大负荷电流不大于200A；工作当日，斗内电工进入带电作业区域后，应用高压钳形电流表测量线路电流不大于200A
		3）紧线或断线时发生倒杆，重物打击	作业点处，应在电杆上预先打好永久（或临时）耐张拉线
		4）直线横担改耐张横担，拆导线绑扎线和直线杆绝缘子时，短路	1）人体不应串入电路； 2）拆除扎线时，绝缘子铁脚和铁横担应遮蔽严密，且扎线的展放长度不大于10cm； 3）拆除扎线后，导线提升高度应不小于0.4m，且导线绝缘遮蔽应严密牢固，在导线下方应看不到明显的间隙，绝缘遮蔽用具组合的重叠长度不应少于15cm
		5）直线横担改耐张横担，转移导线时，逃放	1）临时固定并承载导线垂直应力的绝缘横担（绝缘支杆）安装牢固，机械强度满足要求； 2）拆除和绑扎时，应预先采取防止导线失去控制的措施，如用绝缘斗臂车绝缘小吊的吊钩勾住导线，使导线轻微受力； 3）转移导线时不应超出控制能力，如导线的垂直张力不应超过绝缘斗臂车小吊臂在相应吊角度下的起重能力； 4）转移导线时，应有后备保护； 5）转移后的导线应作妥善固定

续表

序号	辨识项目	辨识内容	控制措施
1	绝缘手套作业法带负荷直线杆改耐张杆并加装柱上开关或隔离开关	6）带负荷断导线，旁路设备过载	1）断线前，应安装绝缘分流线转移负荷电流； 2）绝缘分流线的额定载流能力应大于等于 1.2 倍线路的最大负荷电流； 3）应清除架空导线与绝缘分流线或旁路高压引线电缆的引流线夹连接处的脏污和氧化物； 4）绝缘分流线的引流线夹宜朝上安装在架空导线上，并应有防坠措施； 5）组装绝缘分流线后，应用高压钳形电流表确认分流正常（约为 1/2 线路负荷电流）
		7）短接开断点的方式不当，短路	用绝缘分流线短接开断点时，应使用 2 辆绝缘斗臂车，采取同相同步的方式进行
		8）紧线及断线时逃线	1）紧线工具应有足够的机械强度； 2）紧线时，应密切注意绝缘紧线器等绝缘承力工具的受力情况，导线张力不应超出绝缘承力工具额定能力； 3）紧线后，在断开导线前，应在紧线用的卡线器外侧安装防止导线逃脱的后备保护，并使其轻微受力
		9）紧线时，相对地泄漏电流或接地电流伤人	1）收紧导线后，紧线装置绝缘有效长度不小于 0.4m； 2）后备保护绝缘有效长度不小于 0.4m
		10）导线固结至耐张线夹时，人体串入电路或发生接地短路，触电	1）横担、电杆、导线等应遮蔽严密，防止斗内电工将导线固结到耐张绝缘子串时串入相对地的电路中； 2）在将导线固结到耐张绝缘子串时，应防止短接绝缘子串，必要时可脱下保护绝缘手套的羊皮手套
		11）吊装开关设备及上下传递材料时，重物打击，高处落物	1）在安装绝缘斗臂车小吊臂时，应检查： a）吊绳的机械强度（如断股、伸长率、变形等）； b）小吊滑轮和吊钩部件的完整性、操作的灵活性和机械强度。 2）起吊时，载荷不应超出绝缘斗臂车小吊相应起吊角度下的起重能力。 3）起吊时，应控制设备晃动幅度，不应超出小吊的控制能力； a）绝缘斗臂车小吊升降和绝缘臂的起伏、升降、回转等操作不应同时进行； b）必要时还应在开关设备底座上增加绝缘控制绳，由地面电工进行控制。 4）起吊时，应正确选择并安装绝缘千斤绳套、卸扣。 5）上下传递设备、材料，不应与电杆、绝缘斗臂车工作斗发生碰撞。 6）地面工作人员、杆上配合人员不得处于绝缘斗臂车绝缘臂、绝缘斗或开关设备下方
		12）新开关设备的绝缘性能和操作性能不良，泄漏电流或短路电流电弧伤人	1）在现场工器具检查的同时，检查开关设备的出厂合格证，应用绝缘电阻检测仪检测开关相间及相对地之间的绝缘电阻不小于 500MΩ，并进行试分、合操作； 2）在搭接新装开关设备两侧引线时，开关设备应处于分闸位置
		13）开关设备引线相序错误，合闸时相间短路	新装柱上开关或隔离开关在合闸前，应对引线相序进行检查，必要时应用核相仪进行核相

续表

序号	辨识项目	辨识内容	控制措施
1	绝缘手套作业法带负荷直线杆改耐张杆并加装柱上开关或隔离开关	14）带负荷拆绝缘分流线或旁路回路	1）拆绝缘分流线或旁路回路前，应用绝缘操作棒操作柱上开关（断路器）的操作机构，使其合闸，并闭锁跳闸回路和操作机构； 2）拆除由旁路负荷开关、旁路高压引下电缆等设备组成的旁路回路前，应先用绝缘操作棒操作旁路负荷开关使其处于分闸位置
		15）作业空间狭小，人体串入电路，触电	1）接开关设备引线时，宜先接负荷侧；三相引线应按"先中间相，再两边相"或"由远到近"的顺序进行。 2）引线带电断、接的位置均应在干线搭接位置处进行。 3）作业中，应防止人体串入未接通的引线和干线之间；或串入隔离开关动、静触头之间。 4）有效控制开关设备的引线
		16）监护不到位	复杂或高杆塔作业，必要时应增加专责监护人
2	综合不停电作业法不停电更换柱上变压器	1）重合闸过电压	1）应停用作业线路变电站内开关的自动重合闸装置； 2）馈线自动化配电网络，应停用作业点来电侧分段器的自动合闸功能
		2）装置不符合作业条件	当日工作现场复勘时，工作负责人应与运维单位人员核对杆上变压器额定容量、额定电压、额定电流、接线组别等铭牌参数以及分接开关位置等
		3）作业地点环境不符合停放移动电源车等特种工程车辆的需求	1）作业现场如有井盖、沟道等影响停放特种工程车辆的因素，应准备好枕木、垫板； 2）车辆应顺道路靠右侧停放，不应影响交通，并在来车方向50m处设置"前方施工，车辆慢行（或绕行）"的标志
		4）移动箱变车不符合并列运行条件，强行并列对变压器造成冲击，产生的环流超过变压器承载能力	1）接线组别应与杆上变压器的一致； 2）变压比应一致，差值不大于0.5%； 3）短路阻抗百分比应相等，差值应不大于10%
		5）移动箱变车设备绝缘缺陷漏电、感应电等引起的接触电压触电	移动箱变车箱体应用不小于25mm²带有透明护套的铜绞线接地，接地棒埋设深度不少于0.6m
		6）发电车与杆上变压器低压侧非同期并列，或发电车作为电动机运行	1）发电车与系统是两个独立的电源，发电车出线电缆挂接到低压架空线或低压配电箱出线开关负荷侧时，发电车应处于停运状态，并且发电车的出线开关处于分闸位置。不得在发电车未励磁的情况下直接接入系统； 2）新换杆上变压器投入运行前，发电车应停运，并使其出线开关处于分闸位置
		7）更换变压器时，电容电荷对地面电工放电	退出变压器应先在高低压两侧放电、接地，并在作业区域形成封闭保护通道后，地面电工才能登上变压器台架工作
		8）变压器运行产生的高温烫伤地面电工	地面电工拆卸变压器时应戴纱手套
		9）更换变压器时，误碰带电设备	跌落式熔断器静触头、上引线、主导线以及低压线路等应设置绝缘遮蔽隔离措施

续表

序号	辨识项目	辨识内容	控制措施
3	综合不停电作业法旁路作业检修架空线路	1）重合闸过电压	1）应停用作业线路变电站内开关的自动重合闸装置； 2）馈线自动化配电网络，应停用作业点来电侧分段器的自动合闸功能
		2）装置不符合作业条件	1）现场勘察时，应通过配电调度确认作业区段线路最大负荷电流不大于200A； 2）作业区段的线路长度应小于旁路作业装备的规模，不宜超过400m； 3）作业区段两侧的电杆应为耐张杆，否则应预先安排"直线杆改耐张杆"的工作； 4）当日工作现场复勘时，工作负责人应与运维单位人员一起确认工作区段内电源侧有电压互感器的开关设备，如具有配网自动化功能的分段开关、用户分界开关等的电压互感器已退出（注：如无法通过隔离开关的操作退出电压互感器，禁止作业）。
		3）作业地点环境不符合停放工程车辆的需求	1）作业现场如有井盖、沟道等影响停放特种工程车辆的因素，应准备好枕木、垫板； 2）车辆应顺道路靠右侧停放，不应影响交通，并应在来车方向50m处设置"前方施工，车辆慢行（或绕行）"的标志
		4）旁路作业装备机电性能不良	工作当日，现场应对旁路作业装备进行检测： 1）表面检查，旁路作业装备在试验周期内，表面无明显损伤； 2）在电杆上架空敷设并组装好旁路柔性电缆、旁路连接器和旁路负荷开关等设备组成的旁路回路后，在旁路负荷开关合闸状态下，用2500V及以上电压的绝缘电阻检测仪检测旁路回路绝缘电阻应不小于500MΩ； 3）组装旁路回路设备时，旁路连接器、旁路负荷开关快速插拔接口以及旁路柔性电缆快速插拔终端的导电部分应进行清洁，在绝缘件的界面上用电缆清洁纸清洁后涂抹绝缘硅脂
		5）旁路作业装备受外力破坏	1）旁路电缆过街应采用架空敷设的方式，离地高度不小于5m。 2）敷设时，旁路作业设备不应与地面摩擦、撞击以及过牵引。地面敷设时，旁路柔性电缆应用防护盖板、旁路连接器应用接头盒进行保护；旁路负荷开关应有防倾覆措施
		6）旁路作业装备电容电荷对地面电工放电	1）工作当日，在现场检测旁路作业装备整体的绝缘电阻时，应戴绝缘手套；试验后，应用放电棒进行充分放电后才能直接触碰。 2）杆上作业完成后，旁路作业装备退出运行后，地面电工应用放电棒对其充分后才能直接触碰
		7）旁路作业设备感应电压造成接触电压触电	旁路回路应在旁路负荷开关、旁路连接器等设备的外露金属外壳处用截面积不小于25mm²、带有透明护套的接地线接地，临时接地体的埋设深度不小于0.6m
		8）旁路回路组装相序错误，投运时造成相间短路	1）组装旁路回路设备时，应严格按照相色或相序标志连接； 2）在对负荷侧旁路负荷开关进行合闸操作前，应进行核相
		9）在架空线路上断、接旁路高压引下电缆时，电缆空载电容电流引起的电弧伤人	1）旁路回路组建方式应正确：架空线路、旁路高压引下电缆、旁路负荷开关、旁路柔性电缆、旁路负荷开关、旁路高压引下电缆、架空线路。架空线路至旁路负荷开关之间的高压引下电缆不应超过50m。 2）在断、接旁路高压引下电缆时，旁路负荷开关应处于分闸状态

续表

序号	辨识项目	辨识内容	控制措施
4	综合不停电作业法旁路作业检修电缆线路	1）装置条件不符合作业条件	1）待检修电缆两侧的设备应是环网柜，线路或设备的最大负荷电流应≤200A； 2）旁路作业装备的配置规模应满足待检修线路的范围，电缆旁路作业应使用旁路柔性电缆等专用装备； 3）环网柜接地装置良好，外壳接地可靠； 4）环网柜绝缘良好（SF_6绝缘的环网柜气压在正常范围内）、"五防"装置良好、信号和接线指示清晰
		2）作业方案与装置条件不匹配	1）当环网柜具有备用间隔时，应采用不停电作业作业方案，反之应采用短时停电作业方案； 2）当环网柜不具有可供核相的带电显示装置时，旁路回路应串接旁路负荷开关
		3）作业地点环境不符合停放工程车辆的需求	1）作业现场如有井盖、沟道等影响停放旁路车（电缆车）等特种工程车辆的因素，应准备好枕木、垫板； 2）车辆应顺道路靠右侧停放，不应影响交通，并应在来车方向50m处设置"前方施工，车辆慢行（或绕行）"的标志
		4）旁路作业装备电容电荷对地面电工放电	工作当日，在现场检测旁路作业装备整体的绝缘电阻时，应戴绝缘手套；试验后，应用放电棒进行充分放电后才能直接触碰
		5）环网柜带电接入旁路柔性电缆肘型终端设备带电触电	1）禁止破坏环网柜五防装置，强行解锁打开环网柜出线侧面板； 2）环网柜非作业间隔的防护围栏应设置严密，标志牌齐全，环网柜上相关工作完成后，应及时关上柜门； 3）接旁路柔性电缆肘型终端前，应用验电器对环网柜箱体、开关出线侧接头进行验电，确认无电
		6）旁路作业设备感应电压造成接触电压触电	旁路回路应将旁路柔性电缆金属护层用截面积不小于$25mm^2$、带有透明护套的接地线通过两侧环网柜金属外壳接地。当旁路回路的长度超过500m或金属护层上的环流超过20A时，金属护层的宜采用多点接地方式
		7）旁路回路组装相序错误，投运时造成相间短路	1）组装旁路回路设备时，应严格按照相色或相序标志连接； 2）投入旁路回路，操作最后一台开关时应先进行核相
		8）倒闸操作顺序错误，引发接地短路事故	1）严格按照倒闸操作顺序管理操作票和发布操作任务； 2）操作中严格执行监护和复诵制度
		9）旁路回路超载、金属护层环流使旁路作业装备过热	1）旁路回路投入运行后，应每隔半小时检测其载流情况； 2）当旁路回路长度超过500m，必要时应检测旁路电缆金属护层环流，不得大于20A
5	综合不停电作业法旁路作业检修环网箱	1）装置条件不符合作业条件	1）待检修电缆两侧的设备应是环网柜，线路或设备的最大负荷电流应≤200A； 2）旁路作业装备的配置规模应满足待检修线路的范围，电缆旁路作业应使用旁路柔性电缆等专用装备； 3）环网柜接地装置良好，外壳接地可靠； 4）环网柜绝缘良好（SF_6绝缘的环网柜气压在正常范围内）、"五防"装置良好、信号和接线指示清晰

续表

序号	辨识项目	辨识内容	控制措施
5	综合不停电作业法旁路作业检修环网箱	2）作业方案与装置条件不匹配	1）当环网柜具有备用间隔时，应采用不停电作业作业方案，反之应采用短时停电作业方案； 2）当环网柜不具有可供核相的带电显示装置时，旁路回路应串接旁路负荷开关
		3）作业地点环境不符合停放工程车辆的需求	1）作业现场如有井盖、沟道等影响停放旁路车（电缆车）等特种工程车辆的因素，应准备好枕木、垫板； 2）车辆应顺道路靠右侧停放，不应影响交通，并应在来车方向50m处设置"前方施工，车辆慢行（或绕行）"的标志
		4）旁路作业装备电容电荷对地面电工放电	工作当日，在现场检测旁路作业装备整体的绝缘电阻时，应戴绝缘手套；试验后，应用放电棒进行充分放电后才能直接触碰
		5）环网柜带电接入旁路柔性电缆肘型终端设备带电触电	1）禁止破坏环网柜五防装置，强行解锁打开环网柜出线侧面板； 2）环网柜非作业间隔的防护围栏应设置严密，标志牌齐全，环网柜上相关工作完成后，应及时关上柜门； 3）接旁路柔性电缆肘型终端前，应用验电器对环网柜箱体、开关出线侧接头进行验电，确认无电
		6）旁路作业设备感应电压造成接触电压触电	旁路回路应将旁路柔性电缆金属护层用截面积不小于25mm^2、带有透明护套的接地线通过两侧环网柜金属外壳接地。当旁路回路的长度超过500m或金属护层上的环流超过20A时，金属护层的宜采用多点接地方式
		7）旁路回路组装相序错误，投运时造成相间短路	1）组装旁路回路设备时，应严格按照相色或相序标志连接； 2）投入旁路回路，操作最后一台开关时应先进行核相
		8）倒闸操作顺序错误，引发接地短路事故	1）严格按照倒闸操作顺序管理操作票和发布操作任务； 2）操作中严格执行监护和复诵制度
		9）旁路回路超载、金属护层环流使旁路作业装备过热	1）旁路回路投入运行后，应每隔半小时检测其载流情况； 2）当旁路回路长度超过500m，必要时应检测旁路电缆金属护层环流，不得大于20A
6	综合不停电作业法从环网箱（架空线路）等设备临时取电给环网箱、移动箱变供电	1）装置条件不符合作业条件	1）最大负荷电流应不超过200A，如取电至移动负荷车，最大负荷电流应不超过移动负荷车车载变压器额定电流； 2）从环网柜临时取电或取电至环网柜，环网柜接地装置良好，外壳接地可靠；环网柜绝缘良好（SF$_6$绝缘的环网柜气压在正常范围内）、"五防"装置良好、信号和接线指示清晰
		2）作业方案与装置条件不匹配	1）取电电源点应是环网柜或10kV架空线路。从环网柜临时取电时，具有备用间隔。 2）当取电电源点是架空线路，且旁路柔性电缆长度超过50m时，断、接旁路柔性电缆引流线夹时应采取消弧措施，如使用带电作业用消弧开关或临时取电回路串接旁路负荷开关。 3）负荷一般情况下应处于无电状态。如有电，临时取电回路投入运行时，应先进行核相

续表

序号	辨识项目	辨识内容	控制措施
6	综合不停电作业法从环网箱（架空线路）等设备临时取电给环网箱、移动箱变供电	3）旁路柔性电缆电容电荷对电工放电	1）工作当日，在现场检测旁路作业装备整体的绝缘电阻时，应戴绝缘手套；试验后，应用放电棒进行充分放电后才能直接触碰； 2）如是从架空线路临时取电至移动负荷车，临时取电回路退出运行后，应先用放电棒进行充分放电后才能直接触碰
		4）旁路作业设备感应电压造成接触电压触电	临时取电回路应将旁路柔性电缆金属护层用截面积不小于 $25mm^2$、带有透明护套的接地线通过环网柜、移动负荷车祸旁路负荷开关的金属外壳接地。当临时回路的长度超过 500m 或金属护层上的环流超过 20A 时，金属护层的宜采用多点接地方式
		5）临时取电回路组装相序错误，投运时造成相间短路或高压负荷设备反转	1）组装临时取电回路设备时，应严格按照相色或相序标志连接； 2）当负荷处于有电暂态下投入临时取电回路，操作最后一台开关时应先进行核相
		6）倒闸操作顺序错误，引发接地短路事故	1）严格按照倒闸操作顺序管理操作票和发布操作任务； 2）操作中严格执行监护和复诵制度
		7）临时取电回路超载、金属护层环流使旁路作业装备过热	1）临时回路投入运行后，应每隔半小时检测其载流情况； 2）当临时取电回路长度超过 500m，必要时应检测旁路电缆金属护层环流，不得大于 20A

第四章

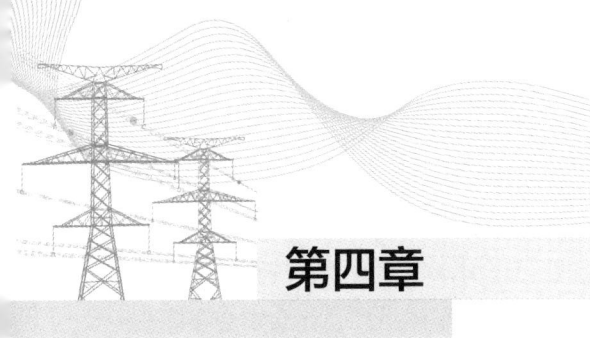

隐患排查治理

第一节 概 述

一、隐患排查治理管理办法的修订

近年来，国家出台《关于推进安全生产领域改革发展的意见》，颁布施行《刑法修正案（十一）》和新《安全生产法》，向社会发布了《安全生产事故隐患排查治理暂行规定》修订征求意见稿（原国家安监总局 16 号令）；国家能源局修订《电力安全隐患监督管理暂行规定》，印发《关于进一步加强电力安全风险分级管控和隐患排查治理的工作的通知》（发改办能源〔2021〕641 号），从严格责任落实、强化管控督办、加大问责处罚等方面对隐患排查治理工作提出新要求，需认真贯彻落实。安全隐患排查治理是企业管理的重要内容，按照"谁主管、谁负责"和"全覆盖、勤排查、快治理"的原则，明确责任主体，落实职责分工，实行分级分类管理，做好全过程闭环管控。

2014 版《国家电网公司安全隐患排查治理管理办法》已执行 8 年，随着公司组织机构优化和业务发展，各专业隐患排查治理机制不断完善，各级监督管理手段持续健全，公司安全隐患和隐患治理的内涵和外延都发生了较大变化。同时，以往工作中依然存在专业参与度不高、排查针对性不强、管理没有闭环等问题，亟待进一步规范管理。2021 年国家电网有限公司组织对《国家电网有限公司安全隐患排查治理管理办法》进行了修订。

新版《国家电网有限公司安全隐患排查治理管理办法》坚持标准先行，提高排查治理针对性。巩固专项整治有效做法，聚焦影响公司大电网、主设备和人身安全的高风险领域，结合近年来事故事件暴露的典型问题，突出抓主抓重、抓薄弱环节，逐级建立排查标准，指导各级准确判定、及时治理安全隐患，为分层分级管理提供依据，也为各级督导检查、评价考核提供有效抓手。强化组织保障，压实排查治理责任。充分发挥安委会作用，建立安委会统筹领导、安委办综合协调、各专业各负其责的隐患排查治理工作体系，强化安委会在隐患标准编制、排查组织、立项治理、验收销号等各环节统筹协调和重点督导，进一步压实专业部门管理责任，确保机制有效运转。完善管控手段，确保全过程闭环管理。建立挂牌督办、远程督查、现场检查工作机制，强化隐患"排查、评估、立项、治理、验收"全过程跟踪，确保有部署、有督办、有检查，将工作抓实在现场一线。加大隐患奖励力度，细化惩处措施，通过重奖重罚来引导基层积极参与隐患排查治理。

二、隐患定义

安全隐患是指在生产经营活动中，违反国家和电力行业安全生产法律法规、规程标准以及公司安全生产规章制度，或因其他因素可能导致安全事故（事件）发生的物的不安全状态、人的不安全行为、场所的不安全因素和安全管理方面的缺失。配网不停电作业的安全隐患，是指可能导致配网不停电作业安全事故的工器具、装备的不安全状态，作业人员、管理人员的不安全行为，作业现场、库房等的不安全因素，不停电作业安全管理保障体系和监督体系的缺失等。

三、工作原则

在工作原则方面，隐患排查治理应树立"隐患就是事故"的理念，坚持"谁主管、谁负责"和"全面排查、分级管理、闭环管控"的原则，逐级建立排查标准，实行分级管理，做到全过程闭环管控。

落实新《安全生产法》《安全生产事故隐患排查暂行规定》关于"逐级建立并落实从主要负责人到每个从业人员的隐患排查治理责任制"的要求，安全隐患所在单位是隐患排查、治理和防控的责任主体。各级单位主要负责人对本单位隐患排查治理工作负全面领导责任，分管负责人对分管业务范围内的隐患排查治理工作负直接领导责任。各级安全生产委员会负责建立健全本单位隐患排查治理规章制度，组织实施隐患排查治理工作，协调解决隐患排查治理重大问题、重要事项，提供资源保障并监督治理措施落实。各级安委办负责隐患排查治理工作的综合协调和监督管理，组织安委会成员部门编制、修订隐患排查标准，对隐患排查治理工作进行监督检查和评价考核。各级安委会成员部门按照"管业务必须管安全"的原则，负责专业范围内隐患排查治理工作。各级设备（运检）、调度、建设、营销、互联网、产业、水新、后勤等部门负责本专业隐患标准编制、排查组织、评估认定、治理实施和检查验收工作；各级发展、财务、物资等部门负责隐患治理所需的项目、资金和物资等投入保障。各级从业人员负责管辖范围内安全隐患的排查、登记、报告，按照职责分工实施防控治理。各级单位将生产经营项目或工程项目发包、场所出租的，应与承包、承租单位签订安全生产管理协议，并在协议中明确各方对安全隐患排查、治理和管控的管理职责；对承包、承租单位隐患排查治理进行统一协调和监督管理，定期进行检查，发现问题及时督促整改。

第二节　隐患标准及隐患排查

一、隐患分级和分类

根据隐患的危害程度，隐患分为重大隐患、较大隐患、一般隐患三个等级。

（一）重大隐患

（1）一至四级人身、电网、设备事件。

（2）五级信息系统事件。

（3）水电站大坝溃决、漫坝事件。

（4）一般及以上火灾事故。

（5）违反国家、行业安全生产法律法规的管理问题。

（二）较大隐患

（1）五至六级人身、电网、设备事件。

（2）六至七级信息系统事件。

（3）其他对社会及公司造成较大影响的事件。

（4）违反省级地方性安全生产法规和公司安全生产管理规定的管理问题。

（三）一般隐患

（1）七至八级人身、电网、设备事件。

（2）八级信息系统事件。

（3）违反省公司级单位安全生产管理规定的管理问题。

69

上述人身、电网、设备和信息系统事件，依据《国家电网有限公司安全事故调查规程》（国家电网安监〔2020〕820号）认定。火灾事故等依据国家有关规定认定。

结合公司业务发展和专业管理职责分工，隐患分为系统运行、设备设施、人身、网络、消防、大坝、安全管理和其他八类，配套制定八个专业隐患排查标准；其中系统运行主要包括网架结构、三道防线、涉网安全、供电安全等，设备设施主要包括发电、直流、输电、变电、配电等，其他类主要包括危化品、特种设备、装备制造、交通、环境污染等。配网不停电作业主要涉及配电设备设施、人身、安全管理、特种设备、交通等隐患。

二、隐患标准

隐患排查标准编制应依据安全生产法律法规和规章制度，结合公司反事故措施和安全事故（事件）暴露的典型问题，确保内容具体、依据准确、责任明确。隐患排查标准编制应坚持"谁主管、谁编制""分级编制、逐级审查"的原则，各级安委办负责制定隐患排查标准编制规范，各级专业部门负责本专业排查标准编制。

（1）公司总部组织编制重大隐患标准和较大隐患通用标准，并对下级单位较大隐患标准进行指导审查。

（2）省公司级单位补充完善较大隐患排查标准，组织编制一般隐患通用标准，并对下级单位一般隐患标准进行指导审查。

（3）地市公司级单位补充完善一般隐患排查标准，形成覆盖各专业、各等级的安全隐患排查标准。

各专业隐患排查标准编制完成后，由本单位安委办负责汇总、审查，经本单位安委会审议后，以正式文件发布。各级专业部门应将隐患排查标准纳入安全培训计划，逐级开展培训，指导从业人员准确掌握隐患排查内容、排查方法，提高全员隐患排查发现能力。隐患排查标准实行动态管理，各级单位应每年对隐患排查标准的针对性、有效性进行评估，结合安全生产法律法规、规章制度"立改废释"，以及安全事故（事件）暴露的问题滚动修订，每年3月底前更新发布。

根据新版《国家电网有限公司安全隐患排查治理管理办法》，各级专业管理部门正组织编制安全隐患排查标准，目前与配网不停电作业相关的标准主要有《关于开展电力安全工器具隐患排查治理专项行动的通知》(国家电网安监〔2019〕246号)及《安全工器具隐患排查提纲》,涉及五个方面26项内容,以查责任落实、查采购验收、查检测试验、查使用保管、查检查考核为重点。

三、隐患排查

各级单位应在每年6月底前,对照隐患排查标准,组织开展一次涵盖安全生产各领域、各专业、各环节的安全隐患全面排查。各级专业部门应加强本专业隐患排查工作指导,对于专业性较强、复杂程度较高的隐患必要时组织专业技术人员或专家开展诊断分析。

针对排查发现的安全隐患,隐患所在工区、班组应依据隐患排查标准进行初步评估定级,利用公司安全隐患管理信息系统建立档案(重大、较大、一般隐患排查治理档案表),形成本工区、班组安全隐患数据库,并汇总上报至相关专业部门。各相关专业部门收到安全隐患报送信息后,应对照安全隐患排查标准,组织对本专业安全隐患进行专业审查,评估认定隐患等级,形成本专业安全隐患数据库。一般隐患由县公司级单位评估认定,较大隐患由市公司级单位评估认定,重大隐患由省公司级单位评估认定。

各级安委办对各专业安全隐患数据库进行汇总、复核,经本单位安委会审议后,报上级单位审查。

(1)市公司级单位安委会审议基层单位和本级排查发现的安全隐患,对一般隐患审议后反馈至隐患所在单位,对较大及以上隐患报省公司级单位审查。

(2)省公司级单位安委会审议地市公司级单位和本级排查发现的安全隐患,对较大隐患审议后反馈至隐患所在单位,对重大隐患报公司总部审查。

(3)公司总部安委会审议省公司级单位和本级排查发现的安全隐患,对重大隐患审议后反馈至隐患所在单位。

对于6月份全面排查周期结束后出现的隐患,各单位应结合日常巡视、季节性检查等,开展常态化排查。对于国家、行业及地方政府部署开展的安全生产专项行动,各单位应在现行隐患排查标准的基础上,补充相关排查条款,开展针对性排查。对于公司系统安全事故(事件)暴露的典型问题和家族性隐患,各单位应举一反三开展事故类比排查。各单位应在上半年全面排查和逐级审查基础上,分层分级建立本单位安全隐患数据库,并结合日常排查、专项排查和事故类比排查滚动更新。

依据与配网不停电作业相关的《关于开展电力安全工器具隐患排查治理专项行动的通知》(国家电网安监〔2019〕246号)及《安全工器具隐患排查提纲》等隐患排查标准,排查范围覆盖电力生产、检修试验、施工安装、科研院所、装备制造、集体企业等单位,排查对象包括个体防护装备、绝缘安全工器具、登高工器具、安全围栏(网)和标识等四大类安全工器具,目的是掌握实际情况,深入细致排查,找准问题症结,针对性开展整改治理,持续提升安全工器具规范化管理水平,切实保障安全工器具使用安全,有效防范人身安全事件。

排查内容主要包括:

(1) 查责任落实。

1) 职责落实情况:依据《国家电网公司电力安全工器具管理规定》第十条、十一条、十二条、十三条、十四条、十五条,检查相关专业按照规定要求执行和落实安全工器具管理职责的情况。

2) 体系贯通情况:依据《国家电网公司电力安全工器具管理规定》第四条,安全工器具管理遵循"谁主管、谁负责""谁使用、谁负责"的原则,落实资产全寿命周期管理要求,严格计划、采购、验收、检验、使用、保管、检查和报废等全过程管理,做到"安全可靠、合格有效",检查安全工器具管理工作体系是否覆盖到班组,安全工器具管理的采购、验收、试验、保管、使用、报废等各环节工作流程是否畅通,是否存在梗阻问题。

3) 培训开展情况:依据《国家电网公司电力安全工器具管理规定》第二十九条,使用单位每年至少应组织一次安全工器具使用方法培训,新进员工上岗前应进行安全工器具使用方法培训;新型安全工器具使用前应组织针对性培训,检查使用单位定期组织开展安全工器具培训和对新员工上岗培训情况。

4) 资金保障情况:依据《国家电网公司电力安全工器具管理规定》第十六条以及各部门职责中相关条款,检查各单位安全工器具资金计划、使用、执行等情况。

(2) 查采购验收。

1) 采购合规情况:依据《国家电网公司电力安全工器具管理规定》第十六条以及公司物资采购相关规定,检查安全工器具采购渠道、采购方式是否符合公司物资采购相关规范要求,各类采购渠道是否畅通。

2) 查技术把关情况:依据《国家电网公司电力安全工器具管理规定》第十七条,安全工器具必须符合国家和行业有关安全工器具的法律、法规、强制性标准和技术规程以及公司相应规程规定的要求，检查各类安全工器具的采购技术规范是否经过专业部门审查；相关采购技术标准和条款是否符合国家、行业强制性标准和技术规程要求。

3）查验收抽检情况：依据《国家电网公司电力安全工器具管理规定》第十九条，安全工器具应严格履行物资验收手续，由物资部门负责组织验收，安全监察质量部门和使用单位派人参加。新购置安全工器具到货后，应组织检验，检验方法可采用逐件检查或抽检，抽检比例应根据安全工器具类别、使用经验、供应商信用等情况综合确定。检验合格后，各方在验收单上签字确认。合格者方可入库或交付使用单位，不合格者应予以退货。检查各单位是否严格开展物资到货验收，有无到货验收（抽检）相关手续和记录；到货的安全工器具数量、品类、参数型号是否与提报需求一致。

4）查新型工器具验收情况：依据《国家电网公司电力安全工器具管理规定》第二十条，对于没有应用经验的新型安全工器具，应经有资质的检验机构检验合格，由地市供电企业专业部门组织认定并批准后，方可试用。检查各单位新型安全工器具使用前是否经有资质的检验机构检验合格和专业部门认定批准。

（3）查检测试验。

1）预试送检情况：依据《国家电网公司电力安全工器具管理规定》第二十六条，安全工器具使用期间应按规定做好预防性试验。现场检查安全工器具预防性试验是否按周期有序开展。

2）检验支撑情况：依据《国家电网公司电力安全工器具管理规定》第二十二条，安全工器具应由具有资质的安全工器具检验机构进行检验。预防性试验可由经公司总部或省公司、直属单位组织评审、认可，取得内部检验资质的检测机构实施，也可委托具有国家认可资质的安全工器具检验机构实施。检查各单位选用的检测机构（内外部）取得内外部相关检验资质情况。检查目前检测中心（内外部）是否已覆盖（功能上）全部基层单位，是否能完全承接区域内检测任务。检查目前检测中心（内外部）是否能覆盖所有安全工器具的检验项目，支撑所需的检测试验要求。

3）试验管理情况：依据《国家电网公司电力安全工器具管理规定》第二十六条，安全工器具使用期间应按规定做好预防性试验。第二十七条，安全工器具经预防性试验合格后，应由检验机构在合格的安全工器具上（不妨碍绝缘性能、使用性能且醒目的部位）牢固粘贴"合格证"标签或可追溯的唯一标识，并出具检测报告。检查安全工器具的检测报告、试验"合格证"标签的张贴及规范管理情况。

（4）查使用保管。

1）配置充足情况：依据《国家电网公司电力安全工器具管理规定》第二十八条，各级单位应为班组配置充足、合格的安全工器具，建立统一分类的安全工器具台账和编号方法，使用保管单位应定期开展安全工器具清查盘点，确保做到账、卡、物一致，各级单位可根据实际情况对照确定现场配置标准。检查生产一线项目部、班组安全工器具配备是否参考规定标准配置，满足实际需求。

2）登记建账情况：依据《国家电网公司电力安全工器具管理规定》第二十八条，各级单位应为班组配置充足、合格的安全工器具，建立统一分类的安全工器具台账和编号方法，使用保管单位应定期开展安全工器具清查盘点，确保做到账、卡、物一致，各级单位可根据实际情况对照确定现场配置标准。检查工器具发放记录、领用记录和班组实物建账对应情况。

3）账物符实情况：依据《国家电网公司电力安全工器具管理规定》第二十八条，各级单位应为班组配置充足、合格的安全工器具，建立统一分类的安全工器具台账和编号方法，使用保管单位应定期开展安全工器具清查盘点，确保做到账、卡、物一致，各级单位可根据实际情况对照确定现场配置标准。检查使用保管单位安全工器具账、卡、物是否账物符实是否统一编号管理。

4）维护保养情况：依据《国家电网公司电力安全工器具管理规定》第三十二条，安全工器具宜根据产品要求存放于合适的温度、湿度及通风条件处，与其他物资材料、设备设施应分开存放。第三十三条，使用单位公用的安全工器具，应明确专人负责管理、维护和保养。个人使用的安全工器具，应由单位指定地点集中存放，使用者负责管理、维护和保养，班组安全员不定期抽查使用维护情况。现场检查工器具维护保养情况。现场检查安全工器具是否存在与其他物资材料、设施设备混放的情形；配置有安全工器具柜的，工器具柜是否完好可用；未配置的各类安全工器具存放环境的基本条件是否满足要求。

5）出入有序情况：依据《国家电网公司电力安全工器具管理规定》第三十条，安全工器具领用、归还应严格履行交接和登记手续。领用时，保管人和领用人应共同确认安全工器具有效性，确认合格后，方可出库；归还时，保管人和使用人应共同进行清洁整理和检查确认，检查合格的返库存放。检查安全工器具领用、归还是否严格履行交接和登记手续，相关记录是否完整及时（可随机抽查工作票或派工单等作业手续进行核对）。

6）使用规范情况：依据《国家电网公司电力安全工器具管理规定》第二十九条，安全工器具使用总体要求：安全工器具使用前应进行外观、试验时间有效性等检查。绝缘安全工器具使用前、后应擦拭干净。随机抽查 1~2 处工作现场，检查安全工器具使用是否规范，现场工作人员是否知晓使用安全工器具要求。

7）报废记录情况：依据《国家电网公司电力安全工器具管理规定》第四十一条，安全工器具报废情况应纳入管理台账做好记录，存档备查。检查各级安全工器具报废相关记录台账情况，是否完整符实。

8）报废鉴定情况：《国家电网公司电力安全工器具管理规定》第三十八条，安全工器具报废，应经本单位安全监察质量部门组织专业人员或机构进行确认。检查安全工器具报废是否经过本单位鉴定和审批，有无相关记录手续。依据《国家电网公司电力安全工器具管理规定》第三十六条，安全工器具符合下列条件之一者，即予以报废：经试验或检验不符合国家或行业标准的，超过有效使用期限不能达到有效防护功能指标的，外观检查明显损坏影响安全使用的。现场检查安全工器具台账和实物，是否存在应报废未报废的情形。

9）报废处置情况：依据《国家电网公司电力安全工器具管理规定》第三十七条，报废的安全工器具应及时清理，不得与合格的安全工器具存放在一起，严禁使用报废的安全工器具。第三十九条，报废的安全工器具，应做破坏处理，并撕毁"合格证"。检查报废安全工器具处置及存放情况，有无混放和未规范处置的情形。

（5）查检查考核。

1）督导检查情况：依据《国家电网公司电力安全工器具管理规定》第四十三条，县公司级单位应每季对安全工器具使用和保管情况进行检查，做好检查记录；地市公司级单位应每半年对所属单位的安全工器具进行监督检查，做好检查记录。第四十四条，各省公司级单位应至少每年组织一次对所属单位安全工器具管理工作进行监督检查。排查是否开展安全工器具定期检查和不定期抽查。

2）评价通报情况：依据《国家电网公司电力安全工器具管理规定》第四

十六条，各级安全监督质量部门应对各类检查发现的安全工器具存在问题进行统计分析，查找原因，从管理上提出改进措施和要求，及时发布相关信息。每年对安全工器具质量进行综合评价，对产品优劣信息予以通报。排查是否对安全工器具质量进行综合评价，对产品优劣信息进行通报。

3）事件处理情况：依据《国家电网公司电力安全工器具管理规定》第四十七条，因安全工器具质量问题引发事故或安全事件时，应按《国家电网公司安全事故调查规程》（2017 修正版）进行调查，对责任单位、人员按相关规定进行处理。第四十五条，对安全工器具使用和各类检查中及时发现问题和隐患、避免人身和设备安全事件的单位和人员，应予以表彰。排查是否对因安全工器具质量问题引发事故或安全事件的单位和个人进行调查处理。是否对各类检查中及时发现问题和隐患、避免人身和设备安全事故的单位和人员予以表彰和奖励。

第三节　隐患治理及重大隐患管理

一、隐患治理

隐患一经确定，隐患所在单位应立即采取防止隐患发展的安全控制措施，并根据隐患具体情况和紧急程度，制定治理计划，明确治理单位、责任人和完成时限，限期完成治理，做到责任、措施、资金、期限和应急预案"五落实"。

各级专业部门负责组织制定本专业隐患治理方案或措施，重大隐患由省公司级单位制定治理方案，较大隐患由市公司级单位制定治理方案或治理措施，一般隐患由县公司级单位制定治理措施。各级安委会应及时协调解决隐患治理有关事项，对需要多专业协同治理的明确治理责任、措施和资金，对于需要地方政府部门协调解决的应及时报告政府有关部门，对于超出本单位治理能力的应及时报送上级单位协调治理。各级单位应将隐患治理所需项目、资金作为项目储备的重要依据，纳入综合计划和预算优先安排。公司总部及省、地市公司级单位应建立隐患治理绿色通道，对计划和预算外急需实施治理的隐患，及时调剂和保障所需资金和物资。

隐患所在单位应结合电网规划、电网建设、技改大修、检修运维、规章制度"立改废释"等及时开展隐患治理，各专业部门应加强专业指导和督导检查。对于重大隐患治理完成前或治理过程中无法保证安全的，应从危险区域内撤出相关人员，设置警戒标志，暂时停工停产或停止使用相关设备设施，并及时向政府有关部门报告；治理完成并验收合格后方可恢复生产和使用。对于因自然灾害可能引发事故灾难的隐患，所属单位应当按照有关规定进行排查治理，采取可靠的预防措施，制定应急预案。在接到有关自然灾害预报时，应当及时发出预警通知；发生自然灾害可能危及人员安全的情况时，应当采取停止作业、撤离人员、加强监测等安全措施。

各级安委办应开展隐患治理挂牌督办，公司总部挂牌督办重大隐患，省公司级单位挂牌督办较大隐患，市公司级单位挂牌督办治理难度大、周期长的一般隐患。

隐患治理完成后，隐患治理单位在自验合格的基础上提出验收申请，相关专业部门应在申请提出后一周内完成验收，验收合格报本单位安委办予以销号，不合格重新组织治理。

（1）重大隐患治理结果由省公司级单位组织验收，结果向国网安委办和相关专业部门报告。

（2）较大隐患治理结果由地市公司级单位组织验收，结果向省公司安委办和相关专业部门报告。

（3）一般隐患治理结果由县公司级单位组织验收，结果向地市公司级安委办和相关专业部门报告。

（4）涉及国家、行业监管部门、地方政府挂牌督办的重大隐患，在治理工作结束后，应及时将有关情况报告相关政府部门。

各级安委办应组织相关专业部门定期向安委会汇报隐患治理情况，对于共性问题和突出隐患，深入分析隐患成因，从管理和技术上制定防范措施，从源头抑制隐患增量。各级单位应运用安全隐患管理信息系统，实现隐患排查治理工作全过程记录和"一患一档"管理。重大隐患相关文件资料应及时向本单位档案管理部门移交归档。隐患档案应包括以下信息：隐患简题、隐患内容、隐患编号、隐患所在单位、专业分类、归属部门、评估定级、治理期限、资金落实、治理完成情况等。隐患排查治理过程中形成的会议纪要、正式文件、治理方案、应急预案、验收报告等应归入隐患档案。

各级单位应将隐患排查治理情况如实记录，并通过职工大会或者职工代表大会、信息公示栏等方式向从业人员通报。各级单位应在月度安全生产会议上通报本单位隐患排查治理情况，各班组应在安全日活动上通报本班组隐患排查治理情况。各级安委办按规定向国家能源局及其派出机构、地方政府有关部门报告安全隐患统计信息和工作总结。各级单位应做好沟通协调，确保报送数据的准确性和一致性。

二、重大隐患管理

重大隐患应执行即时报告制度，各单位评估为重大隐患的，应于 2 个工作日内报总部相关专业部门及国网安委办，并向所在地区政府安全监管部门和电力安全监管机构报告。重大隐患报告内容应包括隐患的现状及其产生原因、隐患的危害程度和整改难易程度分析、隐患治理方案。

重大隐患治理方案应包括治理目标和任务、采取方法和措施、经费和物资落实、负责治理的机构和人员、治理时限和要求、防止隐患进一步发展的安全措施和应急预案等。

重大隐患治理应执行"两单一表"（签发督办单—制定管控表—上报反馈单）制度，实现闭环监管。

（1）签发安全督办单。国网安委办获知或直接发现所属单位存在重大隐患的，由安委办主任或副主任签发《安全督办单》对省公司级单位整改工作进行全程督导。

（2）制定过程管控表。省公司级单位在接到督办单 10 日内，编制《安全整改过程管控表》，明确整改措施、责任单位（部门）和计划节点，由安委会主任签字、盖章后报国网安委办备案，国网安委办按照计划节点进行督导。

（3）上报整改反馈单。省公司级单位完成整改后 5 日内，填写《安全整改反馈单》，并附佐证材料，由安委会主任签字、盖章后报国网安委办备案。

各级单位重大隐患排查治理情况应及时向政府负有安全生产监督管理职责的部门和本单位职工大会或职工代表大会报告。

第四节 隐患排查治理案例

【案例一】安全工器具隐患

一、隐患现状

随着近几年××地区电网的快速发展，日常工作所需的安全工器具的数量也越来越多,规格型号也越来越丰富,而安全工器具的有效管理又是保障作业人员及施工安全的重要提前。而每个基层单位安全工器具仓库一般仅有一名兼职的仓库管理员,平时在完成检修工作之余才能兼顾仓储管理。这些客观现实都造成的基层单位仓储管理压力日渐沉重。为了加强施工安全管理力度,强化施工过程中的安全工器具与施工人员的管理力度,实现安全工器具状态的实时把控与安全工器具使用人员的关联分析,××供电公司以安全工器具标签和赋码管理为手段,探索安全工器具智能化管理。实现安全工器具定置定位、出入库登记、检测周期查询和提醒、使用频次和定期检查等情况的实时跟踪,保障安全工器具在计划采购、运维检修、退役处置的全寿命周期过程中可控、在控,规范安全工器具的存放与使用,避免由于乱扔乱放、错拿错用、不合格工器具等因素导致的经济损失和安全事故。

二、隐患排查

从安全工器具现场的使用场景进行全过程分解,可排查出以下隐患。

(一)安全工器具仓储管理隐患

在近年来的各类安全检查、稽查中,安全工器具破损、超周期以及未按要求检查等情况时有发生,已成为安全生产的一项顽疾。迫切需要采用先进手段,确保安全工器具采购、保管、使用、试验等一系列工作规范、有效,解决安全工器具仓储保管过程中的管理问题,提升安全工器具的使用寿命。

(二)现场作业中反复性违章隐患

随着配电网建设与改造工程的全面铺开,作业现场点多面广,施工现场较为复杂,安全风险管控压力日渐增大,各类违规、违章事件反复性发生。对历年来的违章情况进行数据梳理,安全工器具类违章基数多、占比较大,部分其他类型的违章也与安全工器具存在一定关联。以部分安全工器具作为突破口,探索新型预警模式,通过智能化手段有效解决一大类现场作业违章问题。

(三)部分安全工器具质量不良隐患

部分安全工器具供应商为压低成本,生产工艺粗放、原材料低劣,导致安全工器具在正常使用情况下寿命极短或存在家族性缺陷。需要通过有效手段开展溯源分析,遴选优秀的安全工器具供应商。

三、原因分析

隐患产生的原因:

(1)物品分类统计录入工作量大,手工录入效率低下,且出错率高;

（2）班组一般没有建立严谨的仓储管理标准和制度，物品出入库手续随意，往往容易遗漏登记，造成物品的丢失，或者重复的购买，影响经济效益；

（3）仓储统计信息，如每个库位上到底有多少物品，每种物品的库存量是多少，难以实时获得，只能等到定期盘点后，才能了解；

（4）物品的堆放也具有一定的随意性。如要取出待定货物，只能依赖班组仓库管理员的记忆才能知道该货物究竟在哪里，影响工作效率。

当前××检测中心采用全手工方式进行检测数据的记录和报告的审核，具有以下几点问题：

（1）检测流程和数据记录全部由人工手写进行，工作任务繁重，容易出现差错；

（2）检测数据都由人工填写记录并归档，查找历时记录比较繁琐；

（3）检测中心缺少有效的统计手段，不能方便快捷的统计出报表数据，人工整理不方便；

（4）合格证容易出现磨损、丢失，无法查证原来合格证编号。

为了加强施工安全管理力度，强化施工过程中的安全工器具与施工人员的管理力度，实现安全工器具状态的实时把控与安全工器具使用人员的关联分析，××供电公司以安全工器具标签和赋码管理为手段，探索安全工器具智能化管理。实现安全工器具定置定位、出入库登记、检测周期查询和提醒、使用频次和定期检查等情况的实时跟踪，保障安全工器具在计划采购、运维检修、退役处置的全寿命周期过程中可控、在控，规范安全工器具的存放与使用，避免由于乱扔乱放、错拿错用、不合格工器具等因素导致的经济损失和安全事故。

四、治理措施

针对安全工器具在使用过程中的隐患，应建立安全工器具唯一身份标识，贯通安全工器具全寿命周期各阶段信息，自动统计分析、提示提醒安全工器具检测试验及实时状态监测信息。通过对安全工器具的使用频率、平均寿命及质量回溯等信息的分析，建立完善安全工器具厂家资信名录，实现对安全工器具的源头质量管控。通过 RFID 门禁设备，实现在检测中心端工器具进出、分检各环节时间、人员自动记录。实现工器具仓库端自动监测安全工器具出入库、作业现场进出情况，并将其信息与作业计划等生产任务信息关联，将生产任务作为工器具领用的硬门槛。

（1）明确安全工器具的标签安装与使用规范，实现安全工器具的赋码贴签；

（2）设计安全工器具实物 ID 关联字段，如基本信息、验收入库、领用去向、领用次数、使用时间、维修记录、检测次数、报废等，对工器具的出入库、使用、检测、维修等进行记录，实现安全工器具的全寿命周期把控；

（3）完善安全工器具定置定位管理规则，对置物架基本信息进行采集记录，设计工器具与置物架的匹配规则，实现定制定位管理；

（4）完善安全工器具智能管控功能设计，如根据领用去向记录对工器具使用进行统计分析，设置检测不合格的工器具不能使用，依据安全工器具的定置定位记录对比出库单确认现场是否有遗漏的安全工器具，通过工器具健康状态信息构建健康数据分析模型预测设备剩余使用寿命，建立工器具采购需求预测模型并与物资采购系统联动实现工器具批量采购更新，根据工器具报废相关信息记录对超过报废时间的工器具进行管控。

五、治理成效

本项隐患治理应用了物资物联网技术、无线射频技术、边缘计算技术等泛在电力物联网的关键技术，与配电物资仓储运行管理方法和技术手段的结合，快速、准确、智能化地为实现配电工器具仓储管理提供了无人值守服务。主要成效从以下方面体现：

（1）实现配电工器具仓库规范化管理。基于物联网技术构建无人值守智能仓库，对配电工器具及配电抢修物资的保障工作提供了有效的数据支撑、工具支撑、管理支撑，提升物资运行管理能力和管理水平。并与电力物资系统对接，结合物联网、边缘计算及人脸识别技术，实现现场出入库的智能化安全管理，出入库均有据可依，替代传统手工记录出入库信息的方式，大大减少仓库管理员的工作量，实现了配电工器具仓库的可视、可靠、有效的管理。

（2）节约出库流程，提升配电抢修效率。通过智能配电工器具仓库的建立，实现作业人员所需的配电工器具及取及走，节约大量宝贵的配电抢修时间，由此提升电力抢修人员出库速度，间接减少停电时间，提高用电客户满意度。后期与配电抢修平台实现数据互通，实现配电抢修工具智能选择，有针对性地提示作业人员当次配电抢修所需的相关工器具。

（3）实现配电工器具试验周期监控。对每一样配电工器具的试验周期进行记录，发现超周期或接近周期的工器具进行后台提示，提醒工作人员及时进行周期试验。保证出库使用的配电工器具均合格。如出库是发现工器具过期，将发出声光报警，提醒工作人员该工器具不可用。

六、改进措施

（1）标签质量需要提高；目前在使用过程中发现标签不能很好地粘合在工器具上，已造成脱落。同时防水性需要加强。

（2）物联网系统稳定性需要加强；目前在使用过程中发现系统会出现死机，系统卡顿等情况，后期系统需要进一步升级迭代。

（3）物联网系统操作逻辑需要简化；介于使用场景及使用对象，目前的系统操作逻辑略显复杂，操作层级较多，建议简化核心功能，减少操作层级。

【案例二】无间隙氧化锌避雷器作业隐患

一、隐患现状

配电线路目前主流的防雷方式为加装避雷器，近两年各网省公司逐渐推行安装带间隙氧化锌避雷器，正常情况下避雷器不持续承受线路工频电压，可防止因避雷器故障引起的接地故障发生，降低线路运维工作量，但现有存量的配电网线路中安装有大量的无间隙氧化锌避雷器，很多避雷器的运行时间较长，避雷器的工况差异较大，日常带电断接引线时也经常会遇到此类避雷器，当线路发生单相接地、操作过电压、避雷器阻值下降等情况时，作业人员存在带大电流搭接引发电弧伤害的安全隐患。

二、隐患排查

（一）长时间运行避雷器隐患

由于现有配网线路运行按尽可能少停电的目标安排运行方式，大量的避雷器超期服役，避雷器老化、沾污现象普遍，耐压水平较初始值有所下降，靠目测经验无法判断避雷器的泄漏电流水平，带电作业拆搭老化、沾污的避雷器存在安全隐患。

（二）调度运行隐患

配电线路发生单相接地故障，按照现有的调度规程，可以带接地运行 2h，一般情况下当线路发生故障时调度值班人员应立即告知工作负责人停止工作，但因故障查找、二级许可等技术和管理耗时，带电作业现场工作负责人得到线路故障信息往往会有时间差，在这个时间差内如果正好在电压升高相开展搭接工作存在安全隐患。

三、原因分析

隐患产生的原因：

（1）在线路发生单相接地故障时，不接地的另外两相电压将升高 1.732 倍，即相电压由约 6kV 升高到约 10.5kV，当电压波形遇到高阻（搭接安装过程中线夹与导线接触不良或将通未通时可能形成高阻）发生波反射时，作业点的操作过电压有可能高达 21kV，目前 10kV 无间隙氧化锌避雷器的启动电压一般为 18kV，超过避雷器的启动电压引起避雷器放电；

（2）调控值班人员在处理线路故障时的电话告知延时和二级许可转达产生的延时，均无法保障现场工作负责人第一时间获知线路故障信息，从线路发生故障到停止作业必然存在时间差。

四、治理措施

针对无间隙氧化锌避雷器在带电作业过程中的隐患，可采用以下技术手段进行治理：

（1）新装避雷器前，对避雷器进行检测，确认避雷器绝缘性能良好；

（2）运行中的避雷器，作业前检测避雷器的泄漏电流，泄漏电流超过规定值的不得带电更换；

（3）开发作业点线路运行状态实时监测装置，现场工作负责人通过监测装置实时掌握线路是否存在单相接地故障；

（4）完善涉及避雷器的作业流程管理，通过固化技术确认流程、现场核对消除作业隐患。

五、治理成效

本项隐患治理通过多角度的作业环境检测，综合判断带电作业环境的安全性和潜在危险，利用声光报警为现场人员提供危险提示的关键技术，结合标准化作业流程的优化、固化，有效提升现场作业安全。主要成效从以下方面体现：

（1）实现涉及无间隙氧化锌避雷器拆搭作业的标准化管理。突出作业前检测、检查的重要性，以实测结果为判据确定是否可以开展作业；

（2）研制出无电报警夹、现场实时监测装置等实用化工具：无电报警夹的形状与普通毯夹相似，可代替毯夹固定包毯的同时检测线路是否失压，线路失压状态将发出蜂鸣告警，在第一时间告知现场作业人员线路出现故障，停止作业；现场实时监测装置可以对电气环境检测和自然环境检测数据进行校验，如果参数误差大于阈值，就反馈系统故障，如果现场的温度、湿度和风速读数误差在设定的阈值范围内，就反馈系统正常信号，如果超过阈值范围，反馈系统故障，在第一时间告知现场作业人员线路出现故障和天气的不利变化，停止作业。

六、改进措施

（1）运行单位应加强对无间隙氧化锌避雷的管理，定期通过带电检测等技术手段掌握避雷器的运行工况，合理结合停电开展更换。

（2）进一步推广无电报警夹、现场实时监测装置等现场监测工具的应用，以技术手段的推广应用扩大隐患治理的工作面。

（3）进一步搭建后台管控系统，结合现场的视频和实时数据进行危险提示和告警，建立现场与后台的双重管控机制，有效防范作业风险。

第五章

生产现场的安全设备设施

安全设备设施是指在生产现场经营活动中将危险因素、有害因素控制在安全范围内以及预防、减少、消除危害所设置的安全标志、设备标志、安全警示线、安全防护设施等的统称。电力线路生产活动所涉及的场所、设备（设施）、检修施工等特定区域以及其他有必要提醒人们注意安全的场所，应配置使用标准化的安全设施。

安全设备设施的配置要求：

（1）安全设备设施应清晰醒目、规范统一、安装可靠、便于维护，适应使用环境要求；

（2）安全设备设施所用的颜色应符合 GB 2893—2008《安全色》的规定；

（3）电力线路杆塔应标明线路名称、杆（塔）号、色标，并在线路保护区内设置必要的安全警示标志；

（4）电力线路一般应采用单色色标，线路密集地区可采用不同颜色的色标加以区分；

（5）安全设施设置后，不应构成对人身伤害、设备安全的潜在风险或妨碍正常工作。

第一节 安 全 标 志

安全标志是指用以表达特定安全信息的标志，由图形符号、安全色、几何形状（边框）和文字构成。安全标志包括禁止标志、警告标志、指令标志、提示标志四大基本类型和消防、道路安全标志等特定类型。

一、一般规定

（1）安全标志一般使用相应的通用图形标志和文字辅助标志的组合标志。

（2）安全标志一般采用标志牌的形式，宜使用衬边，以使安全标志与周围环境之间形成较为强烈的对比。

（3）安全标志牌应设在与安全有关场所的醒目位置，便于走近电力线路或进入电缆隧道的人们看见，并有足够的时间来注意它所表达的内容。环境信息标志宜设在有关场所的入口处和醒目处；局部环境信息应设在所涉及的相应危险地点或设备（部件）的醒目处。

（4）安全标志牌不宜设在可移动的物体上，以免标志牌随母体物体相应移动，影响认读。标志牌前不得放置妨碍认读的障碍物。

（5）多个标志在一起设置时，应按照警告、禁止、指令、提示类型的顺序，先左后右、先上后下排列，且应避免出现相互矛盾、重复的现象。也可以根据实际，使用多重标志。

（6）安全标志牌的固定方式分附着式、悬挂式和柱式。附着式和悬挂式的固定应稳固不倾斜，柱式的标志牌和支架应连接牢固。临时标志牌应采取防止倾倒、脱落、移位措施。

（7）安全标志牌应设置在明亮的环境中。

（8）安全标志牌设置的高度尽量与人眼的视线高度相一致，悬挂式和柱式的环境信息标志牌的下缘距地面的高度不宜小于 2m，局部信息标志的设置高度应视具体情况确定。

（9）安全标志牌应定期检查，如发现破损、变形、褪色等，应及时修整或更换以满足要求。修整或更换时，应有临时的标志替换，以避免发生意外伤害。

（10）电缆隧道入口，应根据电压等级等具体情况，在醒目位置按配置规范设置相应的安全标志牌。如"当心触电""当心中毒""未经许可，不得入内""禁止烟火""注意通风""必须戴安全帽"等。

（11）电力线路杆塔，应根据电压等级、线路途经区域等具体情况，在醒目位置按配置规范设置相应的安全标志牌。如"禁止攀登，高压危险"等。

（12）在人口密集或交通繁忙区域施工，应根据环境设置必要的交通安全标志。

二、禁止标志及设置规范

禁止标志是指禁止或制止人们不安全行为的图形标志。常用禁止标志名称、图形标志示例及设置规范见表 5-1。

第五章　生产现场的安全设备设施

表 5-1　　常用禁止标志名称、图形标志示例及设置规范

序号	名称	图形标志示例	设置范围和地点
1	禁止吸烟	禁止吸烟	电缆隧道出入口、电缆井内、检修井内、电缆接续作业的临时围栏等处
2	禁止烟火	禁止烟火	电缆隧道出入口等处
3	禁止跨越	禁止跨越	不允许跨越的深坑（沟）等危险场所安全遮栏等处
4	禁止停留	禁止停留	高处作业现场、吊装作业现场等处
5	未经许可 不得入内	未经许可 不得入内	易造成事故或对人员有伤害的场所，如电缆隧道入口处
6	禁止通行	禁止通行	有危险的作业区域入口处或安全遮栏等处
7	禁止堆放	禁止堆放	消防器材存放处、消防通道等处

续表

序号	名称	图形标志示例	设置范围和地点
8	禁止合闸 线路有人工作		线路断路器和隔离开关把手上
9	禁止攀登 高压危险		线路杆塔下部,距地面约 3m 处
10	禁止开挖 下有电缆		禁止开挖的地下电缆线路保护区内
11	禁止在高压线下钓鱼		跨越鱼塘线路下方的适宜位置
12	禁止取土		线路保护区内杆塔、拉线附近适宜位置
13	禁止在高压线附近放风筝		经常有人放风筝的线路附近适宜位置
14	禁止在保护区内建房		线路下方及保护区内

续表

序号	名称	图形标志示例	设置范围和地点
15	禁止在保护区内植树		线路电力设施保护区内植树严重地段
16	禁止在保护区内爆破		线路途经石场、矿区等
17	线路保护警示牌		对应装设易发生外力破坏的线路保护区内

三、警告标志及设置规范

警告标志是指提醒人们对周围环境引起注意，以避免可能发生危险的图形标志。常用警告标志、图形标志示例及设置规范见表5-2。

表5-2　　　　常用警告标志、图形标志示例及设置规范

序号	名称	图形标志示例	设置范围和地点
1	注意安全		易造成人员伤害的场所及设备处
2	注意通风		电缆隧道入口等处
3	当心火灾		易发生火灾的危险场所，如电气检修试验、焊接及有易燃易爆物质的场所

续表

序号	名称	图形标志示例	设置范围和地点
4	当心爆炸		易发生爆炸危险的场所，如易燃易爆物质的使用或受压容器等地点
5	当心中毒		可能产生有毒物质的电缆隧道等地点
6	当心触电		有可能发生触电危险的电气设备和线路
7	当心电缆		暴露的电缆或地面下有电缆处施工的地点
8	当心机械伤人		易发生机械卷入、轧压、碾压、剪切等机械伤害的作业地点
9	当心伤手		易造成手部伤害的作业地点，如机械加工工作场所等
10	当心扎脚		易造成脚部伤害的作业地点，如施工工地及有尖角散料等处
11	当心吊物		有吊装设备作业的场所，如施工工地等处

第五章　生产现场的安全设备设施

续表

序号	名称	图形标志示例	设置范围和地点
12	当心坠落		在易发生坠落事故的作业地点，如脚手架、高处平台、地面的深沟（池、槽）等处
13	当心落物		易发生落物危险的地点，如高处作业、立体交叉作业的下方等处
14	当心坑洞		生产现场和通道临时开启或挖掘的孔洞四周的围栏等处
15	当心弧光		易发生由于弧光造成眼部伤害的各种焊接作业场所等处
16	当心车辆		施工区域内车、人混合行走的路段，道路的拐角处、平交路口，车辆出入较多的施工区域出入口处
17	当心滑跌		地面有易造成伤害的滑跌地点，如地面有油、冰、水等物质及滑坡处
18	止步　高压危险		带电设备固定遮栏上，高压试验地点安全围栏上，因高压危险禁止通行的过道上，工作地点临近室外带电设备的安全围栏上等处

四、指令标志及设置规范

指令标志是指强制人们必须做出某种动作或采用防范措施的图形标志。常

91

用指令标志、图形标志示例及设置规范见表 5-3。

表 5-3　　　　常用指令标志、图形标志示例及设置规范

序号	名称	图形标志示例	设置范围和地点
1	必须戴防护眼镜		对眼睛有伤害的作业场所,如机械加工、各种焊接等场所
2	必须戴安全帽		生产现场主要通道入口处,如电缆隧道入口、线路检修现场等可能产生高处落物的场所
3	必须戴防护手套		易伤害手部的作业场所,如具有腐蚀、污染、灼烫、冰冻及触电危险的作业等处
4	必须穿防护鞋		易伤害脚部的作业场所,如具有腐蚀、灼烫、触电、砸(刺)伤等危险的作业地点
5	必须系安全带		易发生坠落危险的作业场所,如高处作业现场

五、提示标志及设置规范

提示标志是指向人们提供某种信息(如标明安全设施或场所等)的图形标志。常用提示标志、图形标志示例及设置规范见表 5-4。

表 5-4　　　　常用提示标志、图形标志示例及设置规范

序号	名称	图形标志示例	设置范围和地点
1	从此上下	从此上下	工作人员可以上下的铁（构）架、爬梯上
2	从此进出	从此进出	户外工作地点围栏的出入口处
3	在此工作	在此工作	在工作地点处

六、消防安全标志及设置规范

消防安全标志是指用以表达与消防有关的安全信息，由安全色、边框、以图像为主要特征的图形符号或文字构成的标志。

在电缆隧道入口处以及储存易燃易爆物品仓库门口处应合理配置灭火器等消防器材，在火灾易发生部位应设置火灾探测和自动报警装置。

各生产场所应有逃生路线的标示，楼梯主要通道门上方或左（右）侧装设紧急撤离提示标志。

常用消防安全标志、图形标志示例及设置规范见表 5-5。

表 5-5　　　　常用消防安全标志、图形标志示例及设置规范

序号	名称	图形标志示例	设置范围和地点
1	消防手动启动器		依据现场环境，设置在适宜、醒目的位置
2	火警电话	119	依据现场环境，设置在适宜、醒目的位置

续表

序号	名称	图形标志示例	设置范围和地点
3	消火栓箱		生产场所构筑物内的消火栓处
4	灭火器		悬挂在灭火器、灭火器箱的上方或存放灭火器、灭火器箱的通道上，泡沫灭火器器身上应标注"不适用于电火"字样
5	消防水带		指示消防水带、软管卷盘或消火栓箱的位置
6	灭火设备或报警装置的方向		指示灭火设备或报警装置的方向
7	疏散通道方向		指示到紧急出口的方向。用于电缆隧道指向最近出口处

续表

序号	名称	图形标志示例	设置范围和地点
8	紧急出口		便于安全疏散的紧急出口处，与方向箭头结合设在通向紧急出口的通道、楼梯口等处
9	从此跨越		悬挂在横跨桥栏杆上，面向人行横道

七、道路标志及设置规范

根据《国家电网公司电力安全工作规程（配电部分）》规定，对于电力线路跨越道路或占道施工以及道路开挖施工作业，制定了相关详细的规定，并要求必须在不同部位设置道路警示标志牌和警示标志。具体规定如下：

（1）在居民区及交通道路附近开挖的基坑，应设坑盖或可靠遮栏，加挂警告标示牌，夜间挂红灯。

（2）立、撤杆应设专人统一指挥。开工前，应交代施工方法、指挥信号和安全组织、技术措施，作业人员应明确分工、密切配合、服从指挥。在居民区和交通道路附近立、撤杆时，应具备相应的交通组织方案，并设警戒范围或警告标志，必要时派专人看守。

（3）交叉跨越各种线路、铁路、公路、河流等放、撤线时，应先取得主管部门同意，做好安全措施，如搭好可靠的跨越架、封航、封路、在路口设专人持信号旗看守等。

（4）各类交通道口的跨越架的拉线和路面上部封顶部分，应悬挂醒目的警告标示牌。

（5）在进行高处作业时，除有关人员外，他人不得在工作地点的下面通行或逗留，工作地点下面应有遮拦（围栏）或装设其他保护装置，防止落物伤人。如在格栅式的平台上工作，为了防止工具和器材掉落，应采取有效隔离措施，如铺设木板等。

（6）高处作业区周围的孔洞、沟道等应设盖板、安全网或遮拦（围栏）并有固定其位置的措施。同时，应设置安全标志，夜间还应设红灯示警。

（7）在市区或人口稠密的地区进行带电作业时，工作现场应设置围栏，派专人监护，禁止非工作人员入内。

（8）在带电设备区域内使用汽车吊、斗臂车时，车身应使用不小于16mm^{2}的软铜线可靠接地。在道路上施工应装设遮拦（围栏），并设置适当的警示标志牌。

（9）掘路施工应具备相应的交通组织方案，做好防止交通事故的安全措施。施工区域应用标准路栏等严格分隔，并有明显标记，夜间施工人员应佩戴反光标志，施工地点应加挂警示灯，以防行人或车辆等误入。

《中华人民共和国道路交通安全法》中关于设置道路警示标志牌和警示标志的相关规定如下：

（1）因工程建设需要占用、挖掘道路或者跨越、穿越道路架设、增设管线设施，应当事先征得道路专管部门的同意；影响交通安全的，还应当征得公安机关交通管理部门的统一。

施工作业单位应当经批准的路段和时间内施工作业，并在距离施工作业地点来车方向安全距离处设置明显的安全警示标志，采取防护措施；施工作业完毕，应当迅速清除道路上的障碍物，消除安全隐患，经道路主管部门和公安机关交通管理部门验收合格，符合通行要求后，方可恢复通行。

对未中断交通的施工作业道路，公安机关交通管理部门应当加强交通安全监督检查，维护道路交通秩序。

（2）电力企业施工、检修单位在跨越道路和在道路上占道施工，为防止后来的车辆及时发现避免发生碰撞事故，必须在施工地段的两侧足够安全的距离内设置警示牌，如图5-1所示。

图5-1　电力施工道路警示牌

设置道路警示牌具体要求如下：

（1）在高速公路上警示牌应当设置在来车方向 150m 以外。如遇下雨天或拐弯处，则应当在 200m 以外设置警示牌，方能让后方车辆及早发现和慢速通行；

（2）在城市路面和普通公路上，警示牌应当设置在来车方向 50m 以外。

第二节 设 备 标 志

设备标志是指用以标明设备名称、编号等特定信息的标志，由文字和（或）图形构成。

一、一般规定

（1）电力线路应配置醒目的标志。配置标志后，不应构成对人身伤害的潜在风险。

（2）设备标志由设备编号和设备名称组成。

（3）设备标志应定义清晰，能够准确反映设备的功能、用途和属性。

（4）同一单位每台设备标志的内容应是唯一的，禁止出现两个或多个内容完全相同的设备标志。

（5）配电变压器、箱式变压器、环网柜、柱上断路器等配电装置，应设置按规定命名的设备标志。

二、架空线路标志及设置规范

（1）线路每基杆塔均应配置标志牌或涂刷标志，标明线路的名称、电压等级和杆塔号。新建线路杆塔号应与杆塔数量一致。若线路改建，改建线路段的杆塔号可采用"$n+1$"或"$n-1$"（n 为改建前的杆塔编号）形式。

（2）耐张型杆塔、分支杆塔和换位杆塔前后各一基杆塔上，应有明显的相位标志。相位标志牌基本形式为圆形，标准颜色为黄色、绿色、红色。

（3）在杆塔适当位置宜喷涂线路名称和杆塔号，以在标志牌丢失情况下仍能正确辨识杆塔。

（4）杆塔标志牌的基本形式一般为矩形，白底，红色黑体字，安装在杆塔的小号侧；特殊地形的杆塔，标志牌可悬挂在其他的醒目方位上。

（5）同杆塔架设的双（多）回线路应在横担上设置鲜明的异色标志加以区分。各回路标志牌底色应与本回路色标一致，白色黑体字（黄底时为黑色黑体字）。色标颜色按照红黄绿蓝白紫排列使用。

（6）同杆架设的双（多）回路标志牌应在每回路对应的小号侧安装，特殊情况可在回路对应的杆塔两侧面安装。

（7）110kV 及以上电压等级线路悬挂高度距地面 5～12m，涂刷高度距地面 3m；110kV 及以下电压等级线路悬挂高度距地面 3～5m，涂刷高度距地面 3m。

三、电缆线路标志及设置规范

（1）电缆线路均应配置标志牌，标明线路的名称、电压等级、型号、长度、起止变电站名称。

（2）电缆标志牌的基本形式是矩形，白底，红色黑体字。

（3）电缆两端及隧道内应悬挂标志牌。隧道内标志牌间距约为 100m，电缆转角处也应悬挂。与架空线路相连的电缆，其标志牌固定于连接处附近的本电缆上。

（4）电缆接头盒应悬挂标明电缆编号、始点、终点及接头盒编号的标志牌。

（5）电缆为单相时，应注明相位标志。

（6）电缆应设置路径、宽度标志牌（桩）。城区直埋电缆可采用地砖等形式，以满足城市道路交通安全要求。

设备标志名称、图形标志示例及设置规范见表 5-6。

表 5-6　　　　　设备标志名称、图形标志示例及设置规范

序号	名称	图形标志示例	设置范围和地点
1	单回路杆号标志牌	500kV××线 001号	安装在杆塔的小号侧。特殊地形的杆塔，标志牌可悬挂在其他的醒目方位上
2	双回路杆号标志牌	500kV××Ⅰ线 001号 500kV××Ⅱ线 001号	安装在杆塔的小号侧的杆塔水平材上。标志牌底色应与本回路色标一致，字体为白色黑体字（黄底时为黑色黑体字）

第五章　生产现场的安全设备设施

续表

序号	名称	图形标志示例	设置范围和地点
3	多回路杆号标志牌	500kV××Ⅰ线 001号 / 500kV××Ⅱ线 001号	安装在杆塔的小号侧的杆塔水平材上，标志牌底色应与本回路色标一致，字体为白色黑体字（黄底时为黑色黑体字）。色标颜色按照红黄绿蓝白紫排列使用
4	涂刷式杆号标志	500kV××Ⅱ线	涂刷在铁塔主材上，涂刷宽度为主材宽度，长度为宽度的 4 倍。双（多）回路杆号应以鲜明的异色标志加以区分。各回路标志底色应与本回路色标一致，白色黑体字（黄底时为黑色黑体字）
5	双（多）回路杆塔标志		标志牌装设（涂刷）在杆塔横担上，以鲜明异色区分
6	相位标志牌	A B C	装设在终端塔、耐张塔换位塔及其前后直线塔的横担上。电缆为单相时，应注明相别标志
7	涂刷式相位标志		涂刷在杆号标志的上方，涂刷宽度为铁塔主材宽度，长度为宽度的 3 倍
8	配电变压器、箱式变压器标志牌	10kV××线 001号变压器	装设于配电变压器横梁上适当位置或箱式变压器的醒目位置。基本形式是矩形，白底，红色黑体字
9	环网柜、电缆分接箱标志牌	10kV××线 001号环网柜	装设于环网柜或电缆分接箱醒目处。基本形式是矩形，白底，红色黑体字
10	分段断路器标志牌	10kV××线 001号分段断路器	装设于分支线杆上的适当位置。基本形式是矩形，白底，红色黑体字
11	电缆标志牌	10kV ××线 自：××变电站 至：××变电站 型号：YJLW02	电缆线路均应配置标志牌，标明电缆线路的称、电压等级、型号参数、长度和起止变电站称。基本形式是矩形，白底，红色黑体字
12	电缆接头盒标志牌	220kV ××线 自：××变电站 至：××变电站	电缆接头盒应悬挂标明电缆编号、始点、终点及接头盒编号的标志牌
13	电缆接地盒标志牌	220kV ××线 自：××变电站 至：××变电站 长度：××m	电缆接地盒应悬挂标明电缆编号、始点、起点至接头盒长度及接头盒编号的标志牌

第三节　安　全　警　示　线

安全警示线是生产场所向人们提供某种信息、保障人身、设备安全的图形标志。

一、一般规定

（1）安全警示线用于界定和分割危险区域，向人们传递某种注意或警告的信息，以避免人身伤害。

（2）安全警示线一般采用黄色或与对比色（黑色）同时使用。

（3）安全警示线包括禁止阻塞线、减速提示线、安全警戒线、防止踏空线、防止碰头线、防撞警示线、防止绊脚线和生产通道边缘警戒线等。

二、安全警示线及配置规范

安全警示线名称、图形示例及配置规范见表5–7。

表5–7　　　　安全警示线名称、图形示例及配置规范

序号	名称	图形示例	配置规范
1	禁止阻塞线		1）标注在地下设施入口盖板上； 2）标注在灭火器存放处； 3）标注在厂房通道旁边的配电室仓库门口
2	减速提示线		1）标注在限速区域入口处； 2）标注在弯道、交叉路口处
3	安全警戒线		1）发电机组周围（距离为1m）； 2）落地安装的转动机械周围（0.8m）； 3）控制盘（台）前（0.8m）； 4）配电盘（屏）前（0.8m）
4	防止踏空线		1）标注在楼梯第一级台阶上； 2）标注在人行通道高差300mm以上的边缘处； 3）防止踏空标志应采用黄色油漆涂到第一级台阶地面边缘处
5	防止碰头线		标注在人行通道高度不足1.8m的障碍物上

续表

序号	名称	图形示例	配置规范
6	防止绊脚线		标注在人行横道地面上高差300m以上的管线或其他障碍物上
7	防撞警示线		设置在道路中央和马路沿外1m内的杆塔下部
8	生产通道边缘警戒线		1）标注在生产通道两侧； 2）照明条件较差的场所，宜采用强力荧光油漆进行涂刷

第四节 安全防护设施

安全防护设施是指防止外因引发的人身伤害、设备损坏而配置的防护装置和用具。

一、一般规定

（1）安全防护设施用于防止外因引发的人身伤害，包括安全帽、安全带、临时遮栏（围栏）、孔洞盖板、爬梯遮栏门、安全工器具试验合格证标志牌、接地线标志牌及接地线存放地点标志牌、杆塔拉线、接地引下线、电缆防护套管及警示线、杆塔防撞警示线等装置和用具。

（2）工作人员进入生产现场，应根据作业环境中所存在的危险因素，穿戴或使用必要的防护用品。

（3）所有升降口、大小坑洞、楼梯和平台，应装设不低于1050mm高的栏杆和不低于100mm高的护板。如在检修期间需将栏杆拆除时，应装设临时遮栏，并在检修工作结束后将栏杆立即恢复。

二、安全防护设施及配置规范

安全防护设施名称、图形示例及配置规范见表5-8。

表 5-8　　　　安全防护设施名称、图形示例及配置规范

序号	名称	图形示例	设置范围和地点
1	安全帽	(安全帽正面及背面示例)	1）安全帽用于作业人员头部防护。任何人进入生产现场，应正确佩戴安全帽。 2）安全帽前面有国家电网有限公司标志，后面为单位名称及编号，并按编号定置存放。 3）安全帽实行分色管理。红色安全帽为管理人员使用，黄色安全帽为运维人员使用，蓝色安全帽为检修（施工、试验等）人员使用，白色安全帽为外来参观人员使用
2	安全带	(安全带示例)	1）安全带用于防止高处作业人员发生坠落或发生坠落后将作业人员安全悬挂。 2）在没有脚手架或者在没有栏杆的脚手架上工作，高度超过 1.5m 时，应使用安全带。 3）安全带应标注使用班站名称、编号，并按编号定置存放。 4）安全带存放时应避免接触高温、明火、酸类以及有锐角的紧硬物体和化学药物
3	安全工器具试验合格证标志牌	安全工器具试验合格证 名称＿＿＿编号＿＿ 试验日期＿＿年＿月＿日 下次试验日期＿＿年＿月＿日	1）安全工器具试验合格证标志牌贴在经试验合格的安全工器具的醒目位置。 2）安全工器具试验合格证标志牌可采用粘贴力强的不干胶制作，规格为 60mm×40mm
4	接地线标志牌及接地线存放地点标志牌	01 号接地线 编号：01 电压：110kV ××变电站	1）接地线标志牌固定在地线接地端线夹上。 2）接地线标志牌应采用不锈钢板或其他金属材料制成，厚度 1.0mm。 3）地线标志牌尺寸为 $D=30\sim50$mm，$D_1=2.0\sim3.0$mm。 4）接地线存放地点标志牌应固定在接地线存放醒目位置
5	临时遮栏（围栏）	(临时遮栏示例，带电侧、检修侧)	1）临时遮栏（围栏）适用于下列场所： a）有可能高处落物的场所； b）检修、试验工作现场与运行设备的隔离； c）检修、试验工作现场规范工作人员活动范围； d）检修现场安全通道； e）检修现场临时起吊场地； f）防止其他人员靠近的高压试验场所； g）安全通道或沿平台等边缘部位，因检修卸下拆除常设栏杆的场所； h）需临时打开的平台、地沟、孔洞盖板周围等。 2）临时遮栏（围栏）应采用满足安全、防护要求的材料制作。有绝缘要求的临时遮栏应采用干燥木材、橡胶或其他坚韧绝缘材料制成。 3）临时遮栏（围栏）高度应为 1050～1200mm，防坠落遮栏应在下部装设不低 180mm 高的挡脚板。 4）临时遮栏（围栏）强度和间隙应满足防护要求，装设应牢固可靠。 5）临时遮栏（围栏）应悬挂安全标志，位置根据实际情况而定

第五章　生产现场的安全设备设施

续表

序号	名称	图形示例	设置范围和地点
6	孔洞盖板	覆盖式 镶嵌式	1）适用于生产现场需打开的孔洞。 2）孔洞盖板均应为防滑板，且应覆以与地面齐平的坚固的有限位的盖板。盖板边缘应大于孔洞边缘100mm，限位块与孔洞边缘距离不得大于25～30mm，网络板孔眼不应大于50mm×50mm。 3）在检修工作中如需将孔洞盖板取下，应设临时围栏。临时打开的孔洞，施工结束后应立即恢复原状；夜间不能恢复的，应加装警示红灯。 4）孔洞盖板可制成与现场孔洞互相配合的矩形、正方形、圆形等形状，选用镶嵌式、覆盖式，并在其表面涂刷45°黄黑相间的等宽条纹，宽度宜50～100mm。 5）孔洞盖板拉手可做成活动式，或在盖板两侧设直径约8mm小孔，便于钩起
7	杆塔拉线、接地引下线、电缆防护套管及警示标识		1）在线路杆塔拉线、接地引下线、电缆的下部，应装设防护套管，也可采用反光材料制作的防撞警示标识。 2）防护套管及警示标识，长度不小于1.8m，黄黑相间，间距宜为200mm
8	杆塔防撞警示线		1）在道路中央和马路沿外1m内的杆塔下部，应涂刷防撞警示线。 2）防撞警示线采用道路标线涂料涂刷，带荧光，其高度不小于1200mm，黄黑相间，间距200mm
9	防毒面具和正压式消防空气呼吸器	过滤式防毒面具 正压式消防空气呼吸器	1）电缆隧道应按规定配备防毒面具和正压式消防空气呼吸器。 2）过滤式防毒面具是在有氧环境中使用的呼吸器。 3）过滤式防毒面具应符合相关的规定。使用时，空气中氧气浓度不低于18%，温度为−30～+45℃，且不能用于槽、罐等密闭容器环境。 4）过滤式防毒面具的过滤剂有一定的使用时间，一般为30～100min。过滤剂失去过滤作用（面具内有特殊气味）时，应及时更换。 5）过滤式防毒面具应存放在干燥、通风，无酸、碱、溶剂等物质的库房内，严禁重压。防毒面具的滤毒罐（盒）的储存期为5年（3年），过期产品应经检验合格后方可使用。 6）正压式消防空气呼吸器是用于无氧环境中的呼吸器。 7）正压式消防空气呼吸器应符合相关的规定。 8）正压式消防空气呼吸器在储存时应装入包装箱内，避免长时间曝晒，不能与油、酸、碱或其他有害物质共同储存，严禁重压

第六章

典型违章举例与事故案例分析

第一节 典型违章举例分析

一、十条禁令（Ⅰ类严重违章）

（1）停电作业不按规定验电、接地。

（2）高处作业不正确使用安全带、不戴安全帽。

（3）未经工作许可即开展工作。

（4）作业不按规定进行现场勘察应勘查而未勘查，工作负责人和工作票签发人均未参加。

（5）作业不按规定使用工作票、操作票（未使用或使用错误工作票和操作票）。

（6）作业现场安全措施未做完整就进行工作。

（7）作业监护人员（工作负责人、专责监护人、同进同出人员）擅自离开现场。

（8）现场特种作业人员无证上岗（作业）。

（9）不按施工方案进行施工。

（10）使用不合格的验电笔、接地线、绝缘棒、安全带，高处落物高风险场所不戴安全帽。

二、管理性违章

（1）安全第一责任人不按规定主管安全监督机构。

（2）安全第一责任人不按规定主持召开安全生产委员会会议和安全生产月度例会。

（3）未制定和落实各级人员安全生产岗位职责。

（4）未按规定设置安全监督机构和配置安全员。

（5）未按规定落实安全生产措施、计划、资金。

（6）对违章不制止，未按规定落实对违章人员的处罚，对违章或问题未整改闭环。

（7）违规干预值班调度、运检人员操作。

（8）对事故未按照"四不放过"原则进行调查处理。

（9）承发包工程未依法签订合同及安全协议，未明确双方应承担的安全责任。

（10）管理人员对仓库易燃、易爆物品等危险品放置规定不清楚，对危化品处置不当。

（11）三级及以上高风险、复杂的作业项目，无安全施工方案。

（12）三级及以上作业风险未编制、发布作业安全风险预警管控单。

（13）不落实电网运行方式安排和调度计划。

（14）设计、采购、施工、验收未执行有关规定，造成设备装置性缺陷。

（15）设备应检修而未按期检修、缺陷消除超过规定时限、设备缺陷管理流程未闭环。

（16）设备变更后相应的规程、制度、运行规程、应急处置方案等资料未及时更新。

（17）现场规程没有每年进行一次复查、修订，并书面通知有关人员。

（18）现场无运行规程、典型操作票，或运规、典卡未定期审核。

（19）未按规定配置现场安全防护装置、安全工器具和个人防护用品。

（20）未按规定严格审核现场运行主接线图，不与现场设备一次接线认真核实。

（21）对排查出的事故隐患未制定整改计划或未落实整改治理措施。

（22）未按规定建立月、周、日安全生产例会制度，未及时召开月、周、日安全生产例会。

（23）没有每年公布工作票签发人、工作负责人、工作许可人、有权单独巡视高压设备人员名单。

（24）"两措"计划未按要求及时完成（简称安措和反措；运检的反事故措施和安监的安全技术劳动保护措施）。

(25）未按要求开展"两票"执行情况审核，或评价和考核不严。

(26）未按要求开展各级安全活动。

(27）未按规定落实对违章人员的处罚和问题的整改闭环。

三、行为性违章

(1）酒后开车、酒后从事电气检修施工作业或其他特种作业。

(2）发生违章被指出后仍不改正。

(3）未经批准擅自解除闭锁装置或退出防误操作闭锁装置。

(4）在无安全技术措施或未进行安全技术交底情况下，进行下列工作的：

1）难度较大的或首次进行的带电作业；

2）重要或首次进行的电气试验；

3）主变吊运、装卸；

4）线路工作中的铁塔倒装组立、起重机组塔、高度超过 15m 的跨越架搭设、紧线、邻近高压电力线作业；

5）《国家电网公司生产作业安全管控标准化工作规范（试行）》明确需要编制三措的项目。

(5）巡视或检修作业，工作人员或机具与带电体不能保持规定的安全距离。

(6）在带电设备附近使用金属梯子、金属脚手架等进行作业；在户外变电站和高压室内不按规定使用和搬运梯子、管子等长物。

(7）人在梯子上工作时移动梯子。

(8）未将验电器的伸缩式绝缘棒长度拉足，验电时手持超过手柄护环，雨雪天气在室外未戴绝缘手套直接验电，或验电时未逐相进行验电。

(9）擅自将车辆交给无准驾证人员驾驶，使用失效的准驾证驾驶单位车辆。

(10）工作负责人未对进入现场的厂家人员或外来人员进行安全教育，未填写安全教育卡并签名确认。

(11）现场小组工作负责人没有佩戴小组工作负责人袖标、工作负责人未佩戴袖标或穿红马甲，工作负责人、许可人未随身携带工作票。

(12）漏挂（拆)、错挂（拆）警告标示牌。

(13）高处作业人员携带除个人工器具和传递绳以外的材料、工器具上杆塔，随手上下抛掷器具、材料。

（14）工具或材料浮搁在高处。

（15）低压电气工作时，拆开的引线、断开的线头未采取绝缘包裹等遮蔽措施，未采取绝缘隔离防止相间短路和单相接地措施。

（16）装设（拆除）接地线不规范的：

1）装（拆）接地线时，人体碰触接地线或未接地的导线；

2）装设接地线的导电部分或接地部分未清除油漆；

3）用缠绕的方法装设接地线或用不合规定的导线进行接地短路；

4）接地线的接地棒插入地下深度不满足《配电安规》要求；

5）接地线装设不牢靠或虚插。

（17）接地线与检修部分之间连有保险器或未做好防止分闸安全措施的断路器。

（18）作业结束未做到工完料尽场地清，或未及时封堵孔洞、盖好沟道盖板。

（19）工程车辆客货混装行驶，或超员超载行驶，或驾驶车辆时存在妨碍安全驾驶行为。

四、工作票执行

（1）工作负责人变动未履行变更手续，未告知全体工作班成员及工作许可人。

（2）工作前未进行"三交三查"。

（3）现场作业工作票、小组任务单未使用一式二份（多份），未使用小组任务单。

（4）工作票填写不规范，出现以下情况：

1）计划工作时间与所批准的停役时间不符；

2）工作票中设备名称、编号与一次接线图及现场实际不符；

3）工作票上工作班成员或人数与实际不符；

4）工作票上的工作任务不清或与实际工作不一致，票面涂改严重，漏填或错填内容；

5）工作票、操作票、作业卡不按规定签名；

6）工作负责人对临时加入的工作人员未交代安全注意事项和安全措施及

工作任务，且未做好有关记录；

7）工作延期未办理工作票（施工作业票）延期手续或工作结束未及时办理工作票终结手续。带电作业工作票不得延期。

（5）专责监护人不认真履行监护职责，从事与监护无关的工作，或专责监护人多点同时监护。

五、倒闸操作

（1）非运维人员擅自操作运行设备（规定允许的除外）。

（2）调度命令拖延执行或执行不力。

（3）操作票票面关键字涂改，编号不连续。

（4）倒闸操作未按规定戴绝缘手套、穿绝缘靴。

（5）操作中产生疑问或问题，擅自继续操作。

（6）误发、误接正令、误操作，未造成后果者。

六、线路运行、检修及施工

（1）未使用绝缘工具直接或间接接触高压带电设备上的物体，如用手直接去取倒在高压带电导线上的树枝。

（2）组立杆塔、拆杆、拆线或紧线前未按规定采取防倒杆塔措施或采取突然剪断导线、地线、拉线等方法拆杆拆线。

（3）杆塔上有人时，调整拆换受力拉线或临时拉线。

（4）调换临时拉线未采用先安装永久拉线，后拆除临时拉线的作业法。

（5）浅埋式或重力式电杆，未打好临时拉线上杆工作。

（6）起立电杆时，杆坑内有人。

（7）在跨越电力线路、铁路、公路或通航河流等的线段杆塔上安装附件时，无防止导线、地线坠落的措施。

（8）电杆埋深不足。

（9）事先未检查拉线、拉锚桩、未加设或加固临时拉线即盲目放线和撤线。

（10）临时拉线设置不符合要求，如将临时拉线固定在岩石、树桩等不牢固的物体上。

（11）在无通信联络的情况下进行放线、撤线。

（12）导线或导引绳被障碍物卡住时强行放线。

（13）导地线升空时，用人体压线或者跨越即将离地的导地线。

（14）脚手架未使用、未按规定搭设，如：脚手板未满铺，脚手架未按要求与结构设置拉结等。

（15）起重工作无专人指挥或无证指挥。

（16）起重机械拆装无专项安全施工方案，特殊环境、特殊吊件等施工无专项安全施工方案或专项安全技术措施。

（17）在带电设备附近进行吊装作业，安全距离不够且未采取有效措施，吊车未接地。

（18）禁止起吊埋在地下的构件。

（19）汽吊、斗臂车作业有以下行为：

1）支腿未有效撑开、放置平稳即开展起吊、登高等作业；

2）地面不平整或有下陷风险的位置，支腿未垫枕木或垫块；

3）吊臂、斗臂或支腿未完全收回即移动；

4）汽吊、斗臂车周围操作范围区域未使用安全围栏；

5）重物捆绑不牢固、重物在空中有甩动现象；

6）斗臂车小吊过程中，大臂移动现象。

（20）采用起重臂顶撞或起重臂旋转的方法校正设备。斗臂车非垂直受力现象。

七、劳动防护用品及安全工器具

（1）现场作业人员未按规定正确着装。带电作业未按要求穿戴绝缘防护用具（绝缘服或绝缘披肩、绝缘袖套、绝缘手套、绝缘鞋、绝缘安全帽）。带电断、接引线时未戴护目镜。

（2）作业现场未按规定配备急救箱、无清单、无急救用品。

（3）报废的安全工器具、施工机具及失效的解锁钥匙未及时处理或混放。

八、装置性违章

（1）使用的安全防护用品、用具无生产厂家、许可证编号、生产日期及国家鉴定合格证书。

（2）施工机具和仪器仪表未进行定期检测。

（3）带电作业安全帽应符合电压等级要求，存在超使用周期、帽壳破损、缺少帽衬（帽箍、顶衬、后箍），缺少下颏带等。

（4）带电作业使用的安全带应有良好的绝缘性能，带电作业不得使用非绝缘绳索；不得发生（绳）断股、霉变、损伤或铁环有裂纹、挂钩变形、缝线脱开等情况发生。

（5）带电作业安全工器具保管、储存、运输等场所不满足要求。

（6）梯子没有加装或缺失防滑装置；无限高标识；人字梯无限制开度装置；上下梯无人扶持；梯子架设在不稳定的支持物上，作业时无人扶持或未固定。

（7）大锤及手锤的柄未用整根的硬木制成，用其他材料替代。

（8）脚扣表面有裂纹、防滑衬层破裂，脚套带不完整或有伤痕等。

（9）带电作业工具应绝缘良好、连接牢固、转动灵活，并按照厂家说明书、现场操作规程正确使用；卡线器有裂纹、弯曲或钳口斜纹磨平或使用的卡线器的规格与线材不匹配。

（10）起重设备无荷载标志。

（11）起重机吊钩、手拉葫芦吊钩、滑车防止意外脱钩的保险装置失灵或缺失。

（12）起重机械，如绞磨、汽车式起重机、卷扬机等无制动和逆止装置，或制动装置失灵、不灵敏。

（13）电气设备无安全警示标志或未根据有关规程设置固定遮（围）栏。

第二节 事 故 案 例 分 析

【案例一】作业方法不正确，作业人员触电伤亡

一、事故经过

2008年6月14日，某供电公司带电作业班在某10kV架空线路25号杆进行中相绝缘子带电更换工作。在履行带电作业工作票许可、安全交底等作业程序后，工作负责人安排工作班成员甲（未取得配电带电作业资格证书）穿戴好绝缘披肩、绝缘手套等个体绝缘防护器具进入绝缘斗内带电开展杆头绝缘子更换作业。在作业过程中，当作业人员甲用左肩去扛住中相导线，用双手拆除绝缘子导线绑扎线时，身体受导线张力作用站立不稳，导致颈部触及未遮蔽完全的导线，前胸直接与电杆、横担（未有效遮蔽）接触，造成人体串入电路触电，

后经抢救无效死亡。

二、违章分析

（1）工作负责人监护不到位，作业人员违章操作时，未及时制止和纠正。

（2）工作班成员未经过专业培训机构培训考试取得相应作业资质，不具备配电带电作业资格。

（3）作业方法不正确，工作班成员用肩膀提升导线，违规操作。

（4）安全防护措施不到位，未对作业区内带电导线、绝缘子等采取有效的相间、相对地绝缘遮蔽或隔离措施。

三、防止对策

（1）工作负责人（监护人）作业前应向工作班成员交代工作内容、人员分工、带电部位和现场安全措施，告知危险点，并履行签名确认手续，方可下达开始工作的命令。工作负责人（监护人）应始终在工作现场，监护现场作业开展。

（2）参加不停电作业的人员，应经专门培训，考试合格取得资格、单位批准后，方可参加相应的作业。

（3）严格执行标准化作业指导书和作业程序卡，杜绝在不明确工作内容、作业流程、安全措施以及工作中的危险点的情况下盲目工作。

（4）作业中，需要采取绝缘隔离的防范措施。作业人员应对作业范围内可能触及的带电体、接地体采取有效的绝缘（隔离）措施。

【案例二】简化作业流程，误碰高压电致残

一、事故经过

2005年10月19日，某供电公司带电班带电更换配电变压器高压熔断器一组，作业人员甲身穿绝缘披肩，手戴绝缘手套，利用绝缘平台进行操作。作业完成后，甲摘下绝缘手套，准备离开绝缘平台时，想绕道变压器台架直接跳下。当转过身体时，腰间工具距离高压接线柱过近，又恰逢雨后变压器平台上较潮湿，引起10kV变压器接线柱与工具放电，导致甲高处坠落，全身多处骨折，右臀严重烧伤。

二、违章分析

（1）工作负责人未正确组织工作，未认真监护作业安全，对工作班成员违章作业未及时制止。

（2）工作班成员安全意识淡薄，未正确穿戴个体绝缘防护用具，作业过程中私自摘下绝缘手套。

（3）作业人员习惯性违章作业，违反操作流程。

三、防止对策

（1）工作负责人（监护人）作业前应向工作班成员交代工作内容、人员分工、带电部位和现场安全措施，告知危险点，并履行签名确认手续，方可下达开始工作的命令。工作负责人（监护人）应始终在工作现场，监护现场作业开展，对作业过程中可能出现的问题有一定的预见性，遇到不安全因素和危险情况时，要采取坚决、果断的措施。

（2）利用绝缘平台作业时，作业人员应正确穿戴全套个人防护用具，作业过程中严禁摘下防护用具。

（3）严格执行标准化作业指导书和作业程序卡，杜绝在不明确工作内容、作业流程、安全措施以及危险点的情况下，盲目工作。

【案例三】擅自摘下绝缘手套，人员触电身亡

一、事故经过

2010年10月15日，某供电公司供电所运行人员向带电班班长甲汇报10kV线路一直线杆设备危急缺陷：该电杆中相立铁因螺母脱落、螺栓脱出，中相立铁和绝缘子及导线向东边相倾斜，中相绝缘子搭在东边相绝缘子上，中相绝缘子瓷裙损坏，中相导线距离东边相导线约为20cm。带电班班长安排班内人员于次日进行带电消缺。次日工作开始，作业人员乙、丙穿戴好安全防护用具进入绝缘斗内，由乙用绝缘杆将倾斜的中相导线推开，丙对中相导线放电线夹做绝缘防护后，乙继续用绝缘杆推动导线，将中相立铁推至抱箍凸槽正面，由丙安装立铁上侧螺母。丙在安装螺母时，因螺栓在抱箍凸槽内，戴绝缘手套无法顶出螺栓，便擅自摘下双手绝缘手套作业，左手拿着螺母靠近中相立铁，举起右手时，与不严的放电线夹放电，造成人身触电死亡事故。

二、违章分析

（1）工作负责人作业前未进行现场勘察，未正确组织工作。

（2）作业方法不正确，作业人员违规用绝缘杆推动导线。

（3）作业人员安全意识淡薄，对带电体遮蔽不严密，作业过程中擅自摘下绝缘手套，违章作业。

（4）工作负责人、专责监护人未监护到位，未及时制止违章行为。

三、防止对策

（1）工作负责人应勘察配电线路是否符合不停电作业条件、同杆（塔）架设线路及其方位和电气间距、作业现场条件和环境及其他影响作业的危险点，并根据勘察结果确定不停电作业方法、所需工具以及应采取的措施。不停电作业现场勘察应由工作票签发人和工作负责人组织。

（2）严格执行标准化作业指导书和作业程序卡，杜绝在不明确工作内容、作业流程、安全措施以及工作中的危险点的情况下盲目工作。

（3）作业人员应对作业范围内可能触及的带电体、接地体采取有效的绝缘（隔离）措施，作业过程中作业人员禁止摘下绝缘防护用具。

（4）工作负责人（监护人）作业前应向工作班成员交代工作内容、人员分工、带电部位和现场安全措施，告知危险点，并履行签名确认手续，方可下达开始工作的命令。工作负责人（监护人）应始终在工作现场，监护现场作业开展，对作业人员的行为进行不间断监护，及时纠正不安全行为，制止违章作业。

【案例四】更换柱上变压器，违章作业致受伤

一、事故经过

2018年5月，加拿大某电力公司进行带电更换柱上变压器作业，杆上两名作业人员首先拆除与变压器相连的所有引线，然后拆除变压器固定螺丝，吊车将废变压器吊离。此时上层导线等带电体均未进行绝缘遮蔽，杆上作业人员即开始跌落式熔断器下引线更换工作，其中一名作业人员手持引线不小心碰到上层1300V带电导线，瞬间发生放电现象，该人员身上着装起火并失去意识吊在杆上，监护人及时将其解救至地面并对其采取现场急救措施，所幸并未死亡。

二、违章分析

（1）现场勘察不全面，未明确作业现场同杆（塔）架设线路及其方位和电气间距、作业现场条件和环境及其他影响作业的危险点。

（2）杆上作业人员未对上层带电导线进行绝缘遮蔽且更换引线时未对其采取控制摆动措施。

（3）工作班其他成员未对其危险做法进行制止。

三、防止对策

（1）工作负责人应勘察配电线路是否符合带电作业条件、同杆（塔）架设线路及其方位和电气间距、作业现场条件和环境及其他影响作业的危险点，并根据勘察结果确定带电作业方法、所需工具以及应采取的措施。带电作业现场勘察应由工作票签发人和工作负责人组织。

（2）作业时应对作业现场不满足安全距离要求的部位进行可靠地绝缘遮蔽、隔离措施。带电断、接空载线路所接引线长度应适当，与周围接地构件、不同相带电体应有足够安全距离，连接应牢固可靠。断、接时应有防止引线摆动的措施。

（3）工作班成员应熟悉工作内容、工作流程，掌握安全措施，明确工作中的危险点，服从工作负责人（监护人）、专责监护人的指挥，严格遵守本规程和劳动纪律，在指定的作业范围内工作，对自己在工作中的行为负责，互相关心工作安全。

【案例五】个人防护措施不足，作业人员触电伤害

一、事故经过

2012年8月15日，某供电公司带电作业班使用绝缘斗臂车采用绝缘手套作业法进行带电组立电杆，导线为水平排列。作业方法为利用绝缘斗臂车将中相和一边相导线拉开，另一边相在用绝缘绳系牢后由地面电工甲拉开。由于绝缘绳长度限制，绳头由甲控制，正在吊车直插立杆并夯实过程中，甲突然感到麻电，下意识松开了手中的绝缘绳，导致边相导线对电杆上预安装好的抱箍放电，抱箍烧熔，未造成人员伤亡。事后检查发现，现场只准备了两名斗内电工的绝缘防护用具，甲只带着普通线手套控制绝缘绳，绝缘绳确属作业前从库房领出，但表面严重脏污。

二、违章分析

（1）吊车立杆前导线控制绳未固定牢靠。

（2）地面电工甲未戴绝缘手套和穿绝缘靴。

（3）由于使用不合格的绝缘绳，作业中泄漏电流过大，地面电工甲麻电导致绝缘绳松脱抱箍烧熔。

（4）工作负责人经验不足，作业方式不正确，安全防护措施落实不到位。

（5）作业人员未对作业区域内带电导线、电杆本体及预安装好的抱箍绝缘

遮蔽或隔离措施。

三、防止对策

（1）工作负责人（监护人）作业前应组织工作班成员正确进行绝缘工器具的检查检测。工作负责人（监护人）应始终在工作现场，监护现场作业开展。

（2）作业时，杆根作业人员应穿绝缘靴、戴绝缘手套，起重设备操作人员应穿绝缘靴。起重设备操作人员在作业过程中不得离开操作位置。吊机应可靠接地。

（3）带电立、撤杆时，起重工器具、电杆与带电设备应始终保持有效的绝缘遮蔽或隔离措施，并有防止起重工器具、电杆等的绝缘防护及遮蔽器具绝缘损坏或脱落的措施。

（4）工作负责人前期准备工作应充分，根据现场勘察结果确定带电作业方法、所需工具以及应采取的措施。

【案例六】无视作业操作规程，盲目作业导致事故

一、事故经过

2007年7月8日，工作负责人张某带领带电作业班人员李某、贾某等作业人员在10kV单回水平排列配电架空线路上采用绝缘手套作业法，更换边相针式绝缘子作业。由于该线路导线是绝缘导线，李某、贾某没有对导线和横担进行绝缘遮蔽，拆除绑扎线后，没有发现导线存在针眼缺陷，直接将导线放置在横担上，造成导线对横担放电，导线烧断，线路跳闸。

二、违章分析

（1）工作负责人未正确组织工作，未认真监护作业安全，对工作班成员违章作业未及时制止。

（2）工作班成员安全意识淡薄，斗内电工李某、贾某没有对导线和横担进行绝缘遮蔽。

（3）作业人员违反操作规程，盲目开展带电作业导致事故发生。

三、防止对策

（1）带电作业中，架空绝缘导线不应视为绝缘设备，作业人员不准未经绝缘遮蔽直接接触或接近。

（2）工作负责人应由有本专业工作经验、熟悉工作范围内的设备情况、熟悉《配电安规》，并经工区（车间）批准的人员担任，名单应公布。

（3）工作负责人是带电作业现场标准化作业指导书的执行人。严格执行标准化作业指导书和作业程序卡，杜绝违规操作，盲目开展工作。

（4）带电作业过程中，任何人员发现有违规作业可能危及人员和设备安全时，应立即制止。

（5）带电作业中，"按工作负责人指令实施作业步骤"是现场作业人员的工作职责。

【案例七】技能不足防护不当，导致弧光灼伤

一、事故经过

2013年1月14日，某供电公司带电作业班进行带负荷更换跌落式熔断器。斗内电工李某在安装中相绝缘引流线时，将一端固定在导线上，由于天气寒冷，中相熔断器下引线剥不开外绝缘层，便将另外一端固定在熔断器下桩头与引流线连接处，其他两相正常安装。当李某使用绝缘操作杆拉开中相熔断器时由于晃动较大，中相绝缘引流线下接点脱落，造成飞弧，李某眼睛被弧光灼伤。

二、违章分析

（1）斗内电工李某作业过程中对中相引流线安装位置不正确，引流线安装完成后未确认其固定牢固可靠。

（2）斗内电工李某个人防护措施不到位，未戴护目镜。

（3）工作负责人对李某擅自变更引流线安装位置的行为未进行制止，未起到监护责任。

（4）工作负责人对该项作业未正确组织实施，工作班成员数量明显不足。

三、防止对策

（1）绝缘手套法带负荷更换熔断器，在安装绝缘引流线搭接时应注意相位，确保搭接点接触可靠，采取防止跌落式熔断器其意外跌开的措施。

（2）带负荷更换跌落式熔断器作业，现场作业人员一般最少配置4人，对复杂项目应增设高空监护人。

（3）带负荷更换跌落式熔断器作业前，跌落式熔断器引线之间的安全距离应不小于0.3m；跌落式熔断器引线与地电位物体间的安全距离应不小于0.2m。

（4）使用绝缘杆操作时，绝缘杆的有效绝缘长度不得小于0.7m。

（5）带电断接引线时，作业人员必须戴护目镜。

第七章

班 组 安 全 管 理

"配合默契、操作规范"是针对带电作业团队完成的一种定义,说明带电作业任务的完成取决于团队的密切配合,在操作规范的前提下完成作业任务。

第一节 班组日常安全管理

认证贯彻落实国家电网有限公司、省公司、市公司等各级安全生产工作要求,始终坚持"人民至上、生命至上",深刻吸取各类安全事故教训,班组安全管理要围绕作业现场"四个一"(即一个现场、一个计划、一支队伍、一套装备)的理念,清醒认识到安全生产面临的复杂局面,立足当下反思班组安全管理存在的问题,全面提升作业现场全过程管控水平,全面落实国家电网有限公司全面强化安全责任的38项措施、省公司全面强化安全责任40项措施,从严从实抓好班组安全管理工作。

一、班组安全管理主要职责

(1)加强作业计划管控、细化施工方案管理,负责生产作业风险控制的执行。

(2)做好人员安排、任务分配、资源配置、安全交底、工作组织等风险管控及库房、装备、工器具的安全管理工作。

(3)充分调动班组和一线员工的积极性、主动性,紧密结合生产实际,鼓励员工自主发现违章,自觉纠正违章,相互监督整改违章。

(4)针对现场具体作业项目编制风险失控现场应急处理方案。组织作业人员学习并掌握现场处理方案,现场应急处理方案范例见附录B。

二、班组安全管理重点

（1）工作票签发人、工作负责人、工作许可人、值班负责人、工作监护人等是生产作业风险管控现场安全和技术措施的把关人，负责风险管控措施的落实和监督。

（2）作业人员是生产作业风险控制措施的现场执行人，应明确现场作业风险点，熟悉和掌握风险管控措施，避免人身伤害和人员责任事故的发生。

（3）到岗到位人员负责监督检查方案、预案、措施的落实和执行，协调和指导生产作业风险管理的改进和提升。

三、班组的安全职责

（1）贯彻落实"安全第一、预防为主、综合治理"的方针，要确保生产作业安全，紧盯风险识别、工作组织、现场实施，全面落实"四个管住"；按照"三级控制"制定本班组年度安全生产目标及保证措施，布置落实安全生产工作，并予以贯彻实施。

（2）有效的安全措施是保障作业安全的底线，班组要加强工作负责人安全意识和业务能力培训，工作负责人要始终把保护作业人员不受伤害当成第一要务，督促班组成员严格落实"十不干""配网不停电作业十大禁令""国网十八项禁令"和"国网三十条措施"，严肃纠正作业人员对安全措施不达标的现场，坚决拒绝冒险作业、杜绝无票作业、杜绝危险点不清楚作业、杜绝超范围作业、杜绝未经许可作业、杜绝无计划作业和违章作业，确保班组安全。

（3）做好班组管理，做到工作有标准，岗位责任制完善并落实，设备台账齐全，记录完整。制定本班组年度安全培训计划，做好新入职人员、变换岗位人员的安全教育培训和考试。

（4）开展定期安全检查、隐患排查、"安全生产月"和专项安全检查等活动。积极参加上级各类安全分析会议、安全大检查活动。

（5）开展班前会、班后会，做好出工前"三交三查"工作，主动汇报安全生产情况。

（6）组织开展每周（或每个轮值）一次的安全日活动，结合工作实际开展经常性、多样性、行之有效的安全教育活动。

（7）开展班组现场安全稽查和自查自纠工作，制止人员的违章行为。

（8）定期组织开展安全工器具及劳动保护用品检查，对发现的问题及时处理和上报，确保作业人员工器具及防护用品符合国家、行业或地方标准要求。

（9）执行安全生产规章制度和操作规程。执行现场作业标准化，正确使用标准化作业程序卡，参加检修、施工等工作项目的安全技术措施审查，确保所辖设备检修、大修、业扩等工程的施工安全。

（10）加强所辖设备（设施）管理，组织开展电力设施的安装验收、巡视检查和维护检修，保证设备安全运行。定期开展设备（设施）质量监督及运行评价、分析，提出更新改造方案和计划。

（11）执行电力安全事故（事件）报告制度，及时汇报安全事故（事件），保证汇报内容准确、完整，做好事故现场保护，配合开展事故调查工作。

（12）开展技术革新，合理化建议等活动，参加安全劳动竞赛和技术比武，促进安全生产。

第二节 作业安全监督

一、基本原则

（一）坚持严抓严管

牢固树立"违章就是隐患、违章就是事故"理念，对严重违章对照安全事件的追责措施顶格处理，对于一般违章加强通报曝光。对发生重复性严重违章，加大惩处力度。

（二）坚持"四不放过"

坚持违章原因未查清不放过、违章责任人员未处理不放过、违章整改措施未落实不放过、有关人员未受到教育不放过。

（三）坚持齐抓共管

强化各级安管中心协同运转，全面提升安全风险防控能力，落实"四个管住"工作要求。鼓励基层自查自纠，及时发现并整改违章行为，防范因违章导致事故发生。

（四）坚持追本溯源

挖掘产生违章、重复违章的管理深层次原因，追查制度不健全、机制不完善、履责不到位等问题，追究相关管理者责任。

二、基本要求

（1）每个作业项目均应进行与运行单位联合进行现场勘察，有运行单位确定运行方式及状态改变的条件后，双方详细填写现场勘察记录单并签字确认。带电作业项目，应勘察配电线路是否符合带电作业条件、同杆（塔）架设线路及其方位和电气间距、作业现场条件和环境及其他影响作业的危险点，并根据勘察结果确定带电作业方法、所需工具以及应采取的措施后同时告知运行单位现场查勘人员并确认。

（2）带电作业应有人监护。监护人不得直接操作，监护的范围不得超过一个作业点。复杂或高杆塔作业，必要时应增设专责监护人。

（3）参加带电作业的人员，应经专门培训，考试合格取得相应资格、单位批准后，方可参加相应的作业。带电作业工作票签发人和工作负责人、专责监护人应由具有带电作业资格和实践经验的人员担任。

（4）每个作业项目均应有标准化作业指导书，并按指导书进行现场作业。复杂项目或需要配合的作业项目，必须编制施工方案，经公司生产副总或总工批准后方可执行。

（5）带电作业，必须穿戴符合要求的绝缘防护用具（绝缘服或绝缘披肩、绝缘袖套、绝缘手套、绝缘鞋、绝缘安全帽等）。带电断、接引线作业应戴护目镜，同时必须使用全身式绝缘安全带进行防护。带电作业过程中，禁止摘下绝缘防护用具。

（6）所有带电作业工具、绝缘防护用具须经预防性试验合格，在运输中应配置专用的工具进行保护，严防受潮和碰撞。在作业现场，应选择不影响作业的干燥、阴凉位置，并放在防潮垫上。使用前应进行外观检查，确认没有损坏、受潮、变形、失灵。绝缘手套和绝缘靴在使用前应检查合格；绝缘袖套、披肩、绝缘服在使用前应检查有无刺孔、划破等缺陷。

（7）起吊作业工具、材料必须使用绝缘绳，起吊过程中，绝缘绳不得触碰地面。

（8）现场使用的仪器、仪表应定期校验合格。针对带电作业安装的设备必须提供有效的试验报告，满足带电作业的安全要求。

（9）工作负责人在带电作业开始前，应与值班调控人员或运维人员联系。需要停用重合闸的作业和带电断、接引线工作应由值班调控人员和运维单位履行许可手续。带电作业结束后，工作负责人应及时向值班调控人员或运维人员汇报。

（10）进行带电作业时，工作现场应设置围栏（遮栏）和警示标志，在市区或人口稠密区域派专人监护，禁止非工作人员入内。

（11）带电作业新项目和研制的新工具，应进行试验论证，确认安全可靠，并制定出相应的操作工艺方案和安全技术措施，经本单位批准后，方可使用。

（12）较重大或较复杂的作业项目，必须组织有关技术人员、相关作业单位、作业人员研究讨论，订出相应的操作规程和安全技术措施，经有关部门技术负责人审核，本单位生产副总或总工批准后方能执行。

（13）绝缘遮蔽要符合作业导则的要求，做到"应遮必遮、遮必遮严"的工作原则，硬质遮蔽存在开口的，开口处不能针对作业人员。

三、绝缘杆作业法

（1）登杆塔作业前，应先检查登杆工具完好。

（2）登杆塔作业前，应先检查杆塔根部、基础和拉线等，牢固可靠，遇有冲刷、起土、上拔或导地线、拉线松动的电杆，应先培土加固，打好临时拉线或支好杆架后，再行登杆。

（3）登高作业应穿软底绝缘胶鞋，禁止空腹登杆。

（4）杆上作业人员应使用合格的全身式绝缘安全带，同时使用后备保护装置，保证人员转位时不失去安全带的保护。

（5）绝缘工具的有效绝缘长度应保持安全距离按照《配电安规》表 9-1 的规定。

（6）作业前，为防止相间、相对地短路及外来物接触人体或接地，应采取必要的绝缘隔离措施。作业过程中，人体与带电体应保证 10kV 大于 0.4m 的安全距离，不能满足时，必须在作业线路设备及相关线路设备上采取绝缘隔离措施。设置绝缘遮蔽隔离措施时，应按照从近到远、从下到上的顺序进行，拆除时顺序相反。装、拆绝缘隔离措施时应逐相进行。

（7）杆上传递物件时，动作幅度不能过大，绝缘工具应避免与杆塔及金属附件碰撞或摩擦。作业工具和材料不能触碰绝缘遮蔽物。

（8）作业人员每次进行换相和变更电位，应征得监护人同意。

（9）杆上装、拆大件材料时，不得用力过猛，防止相间短路。

（10）双人杆上作业站位应合理，上下层作业应错位，避免在同一垂直线上。

四、绝缘手套作业法

（1）作业前，应先检查杆塔根部、基础和拉线等牢固可靠，遇有冲刷、起土、上拔或导地线、拉线松动的电杆，应先培土加固，打好临时拉线或支好杆架。

（2）使用绝缘平台作业时，必须按规定程序安装绝缘平台。安装完成后，应对各连接部位进行一次全面检查，确认完好后方可上人工作。

（3）在绝缘平台上或高架绝缘斗臂车绝缘斗内作业时，作业人员不得失去安全带的保护。

（4）高架绝缘斗臂车应根据地形地貌，适当定位，摆放平稳，支撑腿完全展开，不得将支撑脚压在电缆沟盖板或不牢固的基础上。垫木、钢板铺盖平整、牢固。并充分考虑工作负载及工具和作业人员的重量，严禁超载。

（5）作业人员进入绝缘斗之前必须在地面上将绝缘安全帽、绝缘靴、绝缘服或绝缘披肩、绝缘手套及外层防刺穿手套等穿戴妥当，并由现场安全监护人员进行检查确认。

（6）绝缘斗臂车在使用前应检查其表面状况，若绝缘臂、斗表面存在明显脏污，可采用清洁毛巾或棉纱擦拭，清洁完毕后应在正常工作环境下置放15min以上，斗臂车在使用前应空斗试操作1次，确认液压传动、回转、升降、伸缩系统工作工常，操作灵活，制动装置可靠。工作中车体应有良好接地。

（7）在工作过程中，斗臂车的发动机不得熄火，凡具有上、下绝缘段而中间用金属连接的绝缘伸缩臂，作业人员在工作过程中不应接触金属件，升降或作业过程中，不允许绝缘斗同时触及两相导线。工作斗的起升、下降速度不应大于0.5m/s，斗臂车回转机构回转时，作业斗外缘的线速度不应大于0.5m/s。

（8）无论导线是裸导线还是绝缘导线，在作业中均应进行绝缘遮蔽。设置绝缘遮蔽隔离措施时，应按照从近到远、从下到上、先带电体后地电位的原则。绝缘遮蔽用具的接合处应不小于15cm的重合部分。作业位置周围如有接地拉线和低压线等设施，亦应使用绝缘挡板、高压绝缘毯、遮蔽罩等对周边物体进行绝缘隔离。

（9）拆除遮蔽用具时，拆除顺序按照从远到近、从上到下、先地电位后带电体的原则。在拆除绝缘遮蔽用具时应注意避免被遮蔽体受到较大振动,要尽可能轻地拆除。

（10）作业人员转移电位前,应征得监护人同意。

（11）斗臂车的金属臂在仰起、回转运动中,与带电体间的安全距离不得小于 0.9m。

（12）带电升起、下落、左右移动导线时,对于被跨物间的交叉、平行的安全距离不得小于 1m。

（13）起、吊、拉、支撑作用的绝缘工具的最小有效绝缘长度不得小于 0.4m。

附录 A　现场标准化作业指导书（卡）范例

绝缘斗臂车绝缘手套作业法带电接引线

接 10kV××线××杆跌落式熔断器上引线

现场标准化作业指导书

编写：_____　　　_____年_____月_____日

审核：_____　　　_____年_____月_____日

批准：_____　　　_____年_____月_____日

作业负责人：_____

作业时间：　　年　　月　　日　　时至　　年　　月　　日　　时

××供电公司

1. 范围

本现场标准化作业指导书规定了采用绝缘斗臂车绝缘手套作业法带电搭10kV××线××号杆跌落式熔断器上引线的工作步骤和技术要求。装置图参见附录。

本现场标准化作业指导书适用于绝缘斗臂车绝缘手套作业法带电搭接10kV××线××号杆跌落式熔断器上引线。

2. 引用文件

下列文件对于本文件的应用是必不可少的。凡是注日期的引用文件，仅注日期的版本适用于本文件。凡是不注日期的引用文件，其最新版本（包括所有的修改单）适用于本文件。

GB/T 18857—2019　配电线路带电作业技术导则

Q/GDW 10520—2016　国家电网公司 10 kV 配网不停电作业规范

国家电网生〔2009〕190 号《关于印发国家电网公司深入开展现场标准化作业工作指导意见的通知》

国家电网安监〔2014〕265 号《国家电网公司电力安全工作规程（配电部分）（试行）》

3. 前期准备

3.1　作业人员

本项目作业人员要求不少于 3 人。

3.2　作业人员要求

√	序号	责任人	资质	人数
	1	工作负责人（监护人）	应具有 3 年以上的配电带电作业实际工作经验，熟悉设备状况，具有一定组织能力和事故处理能力，并经工作负责人的专门培训，考试合格。经本单位总工程师批准	1 人
	2	斗内作业人员	应通过 10kV 配电线路带电作业专项培训，考试合格并持有上岗证	1 人
	3	地面作业人员	应通过 10kV 配电线路专项培训，考试合格并持有上岗证	1 人

3.3 作业人员分工

√	序号	责任人	分工	责任人签名
	1		工作负责人（监护人）	
	2		斗内作业人员	
	3		地面作业人员	

4．工器具

领用绝缘工器具应核对工器具的使用电压等级和试验周期，并应检查外观完好无损。

工器具运输，应存放在工具袋或工具箱内；金属工具和绝缘工器具应分开装运。

4.1 装备

√	序号	名称	规格/编号	单位	数量	备注
	1	绝缘斗臂车		辆	1	

4.2 个人安全防护用具

√	序号	名称	规格/编号	单位	数量	备注
	1	绝缘安全帽	10kV	顶	3	
	2	绝缘衣	10kV	件	1	
	3	绝缘手套	10kV	副	1	
	4	防护手套		副	1	
	5	斗内绝缘安全带		根	1	
	6	绝缘裤	10kV	件	1	
	7	绝缘鞋（套鞋）	10kV	双	1	
	8	护目镜		副	1	

4.3 绝缘遮蔽工具

√	序号	名称	规格/编号	单位	数量	备注
	1	软质导线绝缘遮蔽罩	10kV	根	8	

续表

√	序号	名称	规格/编号	单位	数量	备注
	2	导线绝缘遮蔽罩	10kV	根	3	
	3	绝缘毯	10kV	块	10	
	4	绝缘毯夹	10kV	只	20	

4.4 绝缘工具

√	序号	名称	规格/编号	单位	数量	备注
	1	绝缘绳	10kV	根	1	
	2	绝缘测距杆	10kV	副	1	
	3	绝缘操作杆	10kV	根	1	
	4	导线清扫杆	10kV	把	1	

4.5 仪器仪表

√	序号	名称	规格/编号	单位	数量	备注
	1	高压验电器	10kV	支	1	
	2	工频高压发生器	10kV	只	1	
	3	绝缘电阻检测仪	2500 V 及以上	只	1	
	4	风速仪		只	1	
	5	温、湿度计		只	1	
	6	对讲机		套	1	

4.6 其他工具

常规的线路施工所需工器具，如扳手等。

√	序号	名称	规格/编号	单位	数量	备注
	1	防潮苫布	3m×3m	块	1	
	2	个人常用工具		套	1	
	3	断线钳		把	1	
	4	绝缘导线剥皮器		把	1	
	5	卷尺	5m	把	1	

续表

√	序号	名称	规格/编号	单位	数量	备注
	6	电动液压钳		把	1	
	7	安全遮栏、安全围绳		副	若干	
	8	标示牌	"从此进出！"	块	1	
	9	标示牌	"在此工作！"	块	1	
	10	路障	"前方施工，车辆慢行"	块	2	
	11	干燥清洁布		块	若干	

4.7 材料

材料包括装置性材料和消耗性材料。

√	序号	名称	规格/编号	单位	数量	备注
	1	绝缘导线	JKLYJ-70	m	8	
	2	并沟线夹		只	6	
	3	设备线夹		只	3	
	4	绝缘胶带	黄、绿、红	圈	3	

5. 作业程序

5.1 开工准备

√	序号	作业内容	步骤及要求	危险点控制措施、注意事项
	1	工作负责人现场复勘	工作负责人核对工作线路双重命名、杆号	
			工作负责人检查环境是否符合作业要求	
			工作负责人检查线路装置是否具备带电作业条件	1）应检查电杆、杆根埋深等情况，防止工作中倒杆事故的发生； 2）应确认跌落式熔断器已拉开，并已取下熔管； 3）应确认变压器低压侧空气开关和隔离开关已断开，并且高低压侧均已做好接地措施，防止倒送电
			工作负责人检查气象条件	1）天气应晴好，无雷、雨、雪、雾； 2）风力：不大于10m/s； 3）空气相对湿度小于80%
			检查工作票所列安全措施，必要时在工作票上补充安全技术措施	

附录 A 现场标准化作业指导书（卡）范例

续表

√	序号	作业内容	步骤及要求	危险点控制措施、注意事项
	2	工作负责人执行工作许可制度	工作负责人与设备运维管理单位人员联系，确认作业线路重合闸已退出。获得工作许可	
			工作负责人在工作票上签字	
	3	工作负责人召开现场站班会	工作负责人宣读工作票	
			工作负责人检查工作班组成员精神状态、交代工作任务进行分工、交代工作中的安全措施和技术措施	
			工作负责人检查班组各成员对工作任务分工、工作中的安全措施和技术措施是否明确	
			班组各成员在工作票和作业卡上签名确认	
	4	布置工作现场	工作现场设置安全护栏、作业标志和相关警示标志	1）安全围栏的范围应考虑作业中高处坠落和高处落物的影响以及道路交通，必要时联系交通部门； 2）围栏的出入口应设置合理； 3）警示标示应包括"从此进出""施工现场"等，道路两侧应有"车辆慢行"或"车辆绕行"标示或路障
			班组成员按要求将绝缘工器具放在防潮苫布上	1）防潮苫布应清洁、干燥； 2）工器具应按定置管理要求分类摆放； 3）绝缘工器具不能与金属工具、材料混放
	5	停放绝缘斗臂车	斗臂车驾驶员将绝缘斗臂车位置停放到最佳位置	1）停放的位置应便于绝缘斗臂车绝缘斗达到作业位置，避开附近电力线和障碍物。并能保证作业时绝缘斗臂车的绝缘臂有效绝缘长度； 2）停放位置坡度不大于 7°，绝缘斗臂车应顺线路停放
			斗臂车操作人员操作绝缘斗臂车支腿	1）不应支放在沟道盖板上； 2）软土地面应使用垫块或枕木，垫放时垫板重叠不超过 2 块，呈 45°角； 3）支撑应到位，车辆前后、左右呈水平；"H"型支腿的车型，水平支腿应全部伸出；整车支腿受力，车轮离地
			斗臂车操作人员将绝缘斗臂车可靠接地	1）接地线应采用有透明护套的不小于 16mm^2 的多股软铜线； 2）检查确认临时接地体埋深应不少于 0.6m
	6	工作负责人组织班组成员检查工器具	班组成员逐件对绝缘工器具进行外观检查	1）检查人员应戴清洁、干燥的手套； 2）绝缘工具表面不应磨损、变形损坏，操作应灵活； 3）个人安全防护用具和遮蔽、隔离用具应无针孔、砂眼、裂纹； 4）检查斗内专用绝缘安全带外观，并作冲击试验

129

续表

√	序号	作业内容	步骤及要求	危险点控制措施、注意事项
	6	工作负责人组织班组成员检查工器具	使用绝缘高阻表对绝缘工器具进行表面绝缘电阻检测	1）测量电极应符合规程要求（极宽2cm、极间距2cm）； 2）正确使用（自检、测量）绝缘电阻检测仪（应采用点测的方法，不应使电极在绝缘工具表面滑动，避免刮伤绝缘工具表面）； 3）绝缘电阻值不得低于700MΩ
			绝缘工器具检查完毕，向工作负责人汇报检查结果	
	7	绝缘斗臂车操作人员检查绝缘斗臂车	检查绝缘斗臂车表面状况：绝缘部分应清洁、无裂纹损伤	
			进行试操作应充分，应有回转、升降、伸缩的过程，确认液压、机械、电气系统正常可靠、制动装置可靠	试操作必须空斗进行
			绝缘斗臂车检查和试操作完毕，斗内作业人员向工作负责人汇报检查结果	
	8	斗内作业人员进入绝缘斗臂车工作斗	斗内作业人员穿戴个人安全防护用具	1）应戴好绝缘帽、绝缘披肩、绝缘手套等个人安全防护用具； 2）工作负责人检查斗内作业人员个人防护用具的穿戴是否正确
			斗内作业人员携带工器具进入绝缘斗	1）工器具应分类放置工具袋中； 2）工器具的金属部分不准超出绝缘斗沿面； 3）工具和人员重量不得超过绝缘斗额定载荷
			斗内作业人员系好绝缘安全带	应系在斗内专用挂钩上

5.2 作业过程

√	序号	作业内容	步骤及要求	危险点控制措施、注意事项
	1	进入带电作业区域	斗内作业人员经工作负责人许可后，操作绝缘斗臂车，进入带电作业区域	缘斗移动应平稳匀速，在进入带电作业区域时： 1）应无大幅晃动现象； 2）绝缘斗下降、上升的速度不应超过0.5m/s； 3）绝缘斗边沿的最大线速度不应超过0.5m/s； 4）转移绝缘斗时应注意绝缘斗臂车周围杆塔、线路等情况，绝缘臂的金属部位与带电体和地电位物体的距离大于1.0m； 5）进入带电作业区域作业后，绝缘斗臂车绝缘臂的有效绝缘长度不应小于1.0m
	2	验电	在工作负责人的监护下，斗内作业人员转移绝缘斗至合适工作位置，对横担等地电位构件进行验电	验电时应注意： 1）验电时应使用绝缘手套； 2）应先对高压验电器进行自检，并用高压发生器检测高压验电器是否良好； 3）斗内电工与带电体间保持足够的安全距离（大于0.4m），验电器绝缘杆的有效绝缘长度应大于0.7m

续表

√	序号	作业内容	步骤及要求	危险点控制措施、注意事项
	3	测量、制作三相引线	在工作负责人的监护下，斗内作业人员用绝缘测距杆测量三相跌落式熔断器上引线长度	应注意：斗内作业人员应与带电体（主导线）保持足够的安全距离（大于 0.4m），绝缘测距杆的有效绝缘长度应大于 0.7m。 确定引线长度应考虑以下的影响因素： 1）引线的长度应从跌落式熔断器上接线柱到主导线搭接部位的距离。为保证搭接引时的安全，主导线搭接部位可向装置外侧稍做调整； 2）应适当增加 15～20cm 的长度，留出引线搭接部位
			地面作业人员按照需要截断绝缘导线（引线应采用绝缘导线），剥除端部绝缘层，装好设备线夹，并圈好	应注意：每根引线端头应做好色相标志，以防混淆
	4	设置内边相绝缘遮蔽隔离措施	获得工作负责人的许可后，斗内作业人员转移绝缘斗至内边相合适工作位置，按照"由近至远、从下到上、先大后小"的原则对作业中可能触及的部位进行绝缘遮蔽隔离	应注意： 1）遮蔽的部位为（支持绝缘子两侧）架空导线及支持绝缘子扎线部位； 2）斗内作业人员动作应轻缓并保持足够安全距离（相对地 0.4 m，相间 0.6m）； 3）绝缘遮蔽隔离措施应严密、牢固，绝缘遮蔽组合的重叠距离不得小于 15cm
	5	设置外边相绝缘遮蔽隔离措施	获得工作负责人的许可后，斗内作业人员转移绝缘斗至外边相合适工作位置，按照相同的方法设置绝缘遮蔽隔离措施。遮蔽的部位为（需搭接的中间引线一侧的）架空导线	应注意： 1）遮蔽的部位为（支持绝缘子两侧）架空导线及支持绝缘子扎线部位； 2）斗内作业人员动作应轻缓并保持足够安全距离（相对地 0.4 m，相间 0.6m）； 3）绝缘遮蔽隔离措施应严密、牢固，绝缘遮蔽组合的重叠距离不得小于 15cm
	6	安装跌落式熔断器上引线	在工作负责人的监护下，斗内作业人员调整绝缘斗至合适工作位置，将 3 根引线安装在对应的跌落式熔断器上接线板上	应注意： 1）应同时检查跌落式熔断器绝缘子有无破损、调整好角度和安装的牢固程度； 2）引线应安装牢固； 3）安装引线时应防止引线弹跳； 4）防止高处落物
	7	搭接中间相引线	获得工作负责人的许可后，斗内作业人员转移绝缘斗至中间相合适的工作位置，搭接中间相导线。搭接方法如下： 1）用导线清扫杆清除主导线上搭接引线部位的金属氧化物或脏污； 2）用装有双沟线夹的绝缘操作杆锁住引线端头，并将其固定在主导线上； 3）斗内作业人员调整绝缘斗位置，搭接引线； 4）并沟线夹垫片整齐无歪斜现象，搭接紧密；	应注意： 1）如在内边相位置搭接中间相引线，绝缘斗不应碰住内边相导线； 2）注意动作幅度，斗内作业人员与电杆、横担等地电位构件的距离应大于 0.4m（为保证作业时斗内作业人员与电杆、横担等地电位构件之间的安全距离，引线端头宜朝向装置外侧）。禁止长期碰触周围异电位物体上的绝缘遮蔽隔离措施； 3）禁止人体串入电路； 4）作业人员应尽量避免牵住导线的同时移位绝缘斗； 5）应防止高处落物。 引线的施工工艺和质量应满足施工和验收规范的要求；

续表

√	序号	作业内容	步骤及要求	危险点控制措施、注意事项
	7	搭接中间相引线	5）每相引线的并沟线夹不少于2个，引线穿出线夹的长度约为2～3cm，并沟线夹之间应留出一个线夹的宽度	1）引线长度适宜，弧度均匀； 2）引线无散股、断股现象； 3）引线与地电位构件的距离应不小于20cm，相间不小于30cm
	8	补充完善绝缘遮蔽隔离措施	获得工作负责人的许可后，斗内作业人员补充完善绝缘遮蔽隔离措施	应注意： 1）完善绝缘遮蔽隔离措施部位为：中间相引线、跌落式熔断器上接线板； 2）绝缘遮蔽隔离措施应严密、牢固，绝缘遮蔽组合的重叠距离不小于15cm
	9	搭接外边相引线	在工作负责人的监护下，斗内作业人员调整绝缘斗至外边相适当位置，按照与中间相相同的方法，搭接外边相引线。并补充完善引线、跌落式熔断器上接线板的绝缘遮蔽隔离措施	应注意： 1）注意动作幅度，斗内作业人员与电杆、横担等地电位构件的距离应大于0.4m（为保证作业时斗内作业人员与电杆、横担等地电位构件之间的安全距离，引线端头宜朝向装置外侧）。禁止长期碰触周围异电位物体上的绝缘遮蔽隔离措施； 2）禁止人体串入电路； 3）作业人员应尽量避免牵住导线的同时移位绝缘斗。 4）应防止高处落物。 引线的施工工艺和质量应满足施工和验收规范的要求： 1）引线长度适宜，弧度均匀； 2）引线无散股、断股现象； 3）引线与地电位构件的距离应不小于20cm，相间不小于30cm。 应注意： 1）完善绝缘遮蔽隔离措施部位为：外边相引线、跌落式熔断器上接线板； 2）绝缘遮蔽隔离措施应严密、牢固，绝缘遮蔽组合的重叠距离不得小于15cm
	10	搭接内边相引线	在工作负责人的监护下，斗内作业人员调整绝缘斗至内边相适当位置，按照与中间相相同的方法，搭接内边相引线。并补充完善引线、跌落式熔断器上接线板的绝缘遮蔽隔离措施	应注意： 1）注意动作幅度，斗内作业人员与电杆、横担等地电位构件的距离应大于0.4m（为保证作业时斗内作业人员与电杆、横担等地电位构件之间的安全距离，引线端头宜朝向装置外侧）。禁止长期碰触周围异电位物体上的绝缘遮蔽隔离措施； 2）禁止人体串入电路； 3）作业人员应尽量避免牵住导线的同时移位绝缘斗。 4）应防止高处落物。 引线的施工工艺和质量应满足施工和验收规范的要求： 1）引线长度适宜，弧度均匀； 2）引线无散股、断股现象； 3）引线与地电位构件的距离应不小于20cm，相间不小于30cm。 应注意： 1）完善绝缘遮蔽隔离措施部位为：内边相引线、跌落式熔断器上接线板； 2）绝缘遮蔽隔离措施应严密、牢固，绝缘遮蔽组合的重叠距离不得小于15cm

续表

√	序号	作业内容	步骤及要求	危险点控制措施、注意事项
	11	拆除主导线绝缘遮蔽隔离措施	获得工作负责人的许可后，斗内作业人员转移绝缘斗至合适工作位置，按照"先小后大，从上到下，由远及近"的原则拆除绝缘遮蔽隔离措施	应注意： 1) 拆除主导线绝缘遮蔽隔离措施的顺序应为：先外边相、再内边相； 2) 拆除内边相主导线上绝缘遮蔽隔离措施的顺序应为：先支持绝缘子扎线部位、再主导线； 3) 斗内作业人员动作应轻缓并保持足够安全距离（相对地 0.4 m，相间 0.6m）； 4) 斗内作业人员转移作业相应获得工作负责人的许可
	12	拆除跌落式熔断器上接线板及引线的绝缘遮蔽隔离措施	获得工作负责人的许可后，斗内作业人员转移绝缘斗至跌落式熔断器的合适工作位置，按照"先小后大，从上到下，由远及近"的原则拆除绝缘遮蔽隔离措施	应注意： 1) 拆除三相绝缘遮蔽隔离措施的顺序应为：先中间相、再两边相； 2) 拆除每相的绝缘遮蔽隔离措施的顺序宜为：先跌落式熔断器上接线柱、再引线； 3) 斗内作业人员动作应轻缓并保持足够安全距离（相对地 0.4 m，相间 0.6m）； 4) 斗内作业人员转移作业相应获得工作负责人的许可
	13	工作验收	斗内作业人员撤出带电作业区域	撤出带电作业区域时： 1) 应无大幅晃动现象； 2) 绝缘斗下降、上升的速度不应超过 0.5m/s； 3) 绝缘斗边沿的最大线速度不应超过 0.5m/s
			斗内作业人员检查施工质量	1) 杆上无遗漏物； 2) 装置无缺陷符合运行条件； 3) 向工作负责人汇报施工质量
	14	撤离杆塔	斗内作业人员下降绝缘斗返回地面、收回绝缘臂时应注意绝缘斗臂车周围杆塔、线路等情况	

6. 工作结束

√	序号	作业内容	步骤及要求	危险点控制措施、注意事项
	1	工作负责人组织班组成员清理工具和现场	绝缘斗臂车各部件复位，收回绝缘斗臂车支腿	1) 在坡地停放，应先收后支腿，后收前支腿； 2) 支腿收回顺序应正确："H"型支腿的车型，应先收回垂直支腿，再收回水平支腿
			整理工具、材料。将工器具清洁后放入专用的箱（袋）中	清理现场，做到"工完、料尽、场地清"
	2	工作负责人召开收工会	工作负责人组织召开现场收工会，作工作总结和点评工作	1) 正确点评本项工作的施工质量； 2) 点评班组成员在作业中的安全措施的落实情况； 3) 点评班组成员对规程的执行情况
	3	工作负责人进行工作终结	向设备运维管理单位人员汇报工作结束，并终结工作票	
	4	作业人员撤离现场		

7. 验收记录

记录检修中发现的问题	
存在问题及处理意见	

8. 现场标准化作业指导书执行情况评估

评估内容	符合性	优		可操作项	
		良		不可操作项	
	可操作性	优		修改项	
		良		遗漏项	
存在问题					
改进意见					

9. 附录

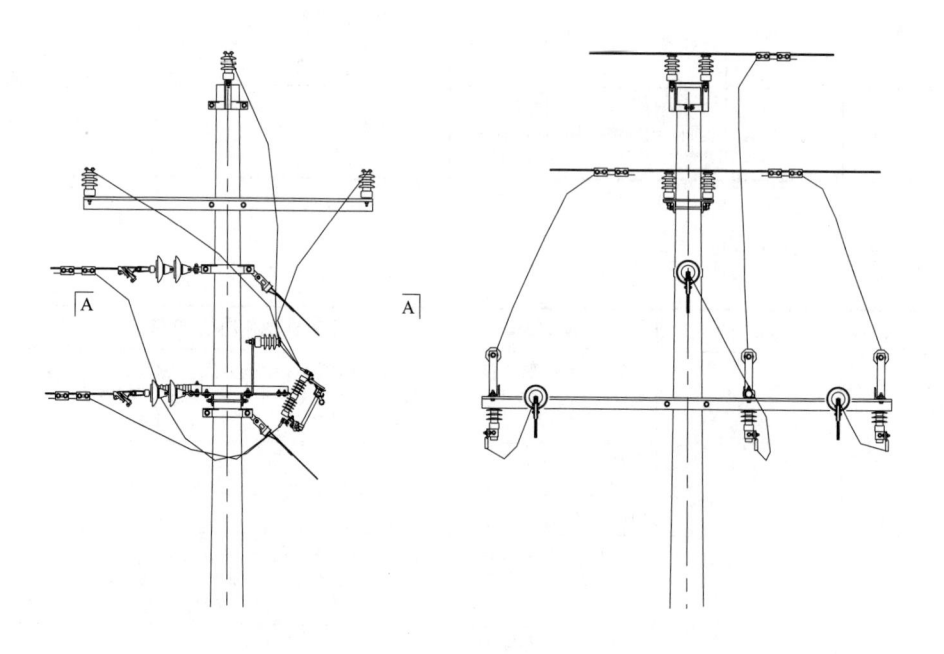

附录 B 现场处置方案范例

【方案】应对突发高压触电事故现场处置方案

一、工作场所

××供电公司配电带电作业突发高压触电事故现场。

二、事件特征

作业人员在 10kV 电压等级的带电设备上工作,发生触电,造成人员伤亡。

三、现场人员应急职责

(一)工作负责人

(1)指挥现场应急处置工作。

(2)组织救助伤员。

(3)向医疗机构求助。

(4)向本单位部门主管领导汇报触电事故情况。

(二)工作班成员

(1)救助伤员。

(2)保护现场。

四、现场应急处置

(一)现场应具备条件

(1)通信工具及上级、急救部门电话号码。

(2)电工工器具、绝缘鞋、绝缘手套等安全工器具。

(3)急救箱及药品。

(二)现场应急处置程序

(1)使触电者脱离电源。

(2)现场抢救伤员。

(3)拨打"120""110"电话请求援助。

(4)汇报本单位主管部门领导。

(5)送医院抢救。

（三）现场应急处置措施

（1）现场人员立即使触电人员脱离电源。一是立即通知有关单位（值班调控中心或运维人员）或用户停电。二是戴上绝缘手套，穿上绝缘靴，用相应电压等级的绝缘工具按顺序拉开电源开关、熔断器或将带电体移开。三是采取相关措施使保护装置动作，断开电源。

（2）如触电人员悬挂高处，现场人员应尽快解救至地面；如暂时不能解救至地面，应考虑相关防坠落措施，并向消防部门求救。

（3）根据触电人员受伤情况，采取止血、固定、人工呼吸、心肺复苏等相应急救措施。

（4）如触电者衣服被电弧光引燃时，应利用衣服、湿毛巾等迅速扑灭其身上的火源，着火者切忌跑动，必要时可就地躺下翻滚，使火扑灭。

（5）现场人员将触电人员送往医院救治或拨打"120"急救电话求救。

（6）向上级汇报触电人员受伤及抢救情况。

五、注意事项

（1）救护人在使触电人员脱离电源时，应穿戴绝缘防护用具，使用相应电压等级的绝缘工具。

（2）救护人在救护过程中要注意自身和被救者与附近带电体之间的安全距离（地电位作业安全距离为0.7m，绝缘手套作业安全距离为0.4m），防止再次触及带电设备。

（3）解救高处伤员过程中要询问伤员伤情，并对骨折部位采取固定措施。

（4）在施救高处触电者时，救护者应采取防止坠落措施。

（5）在医务人员未接替救治前，不应放弃现场抢救。

六、联系电话

序号	部门	联系人	电话
1	医疗急救		120
2	紧急救援		110
3	调控中心值班电话		
4	本单位管理部门		
5	本单位领导		